火星征程！

〔比〕弗拉基米尔·普莱泽（Vladimir Pletser） 著

魏广东 董 妙 杨 扬 译

U0179101

机 械 工 业 出 版 社

本书以日记和日程报告的形式，用生动有趣的语言，介绍了作者弗拉基米尔·普莱泽及乘组其他成员在两座火星模拟实验基地的工作和生活经历，以及对火星任务的思考。两座基地分别建立在人迹罕至的北极和美国犹他州沙漠，以便在地球上模拟火星气候、地质、生物等环境条件。

本书共 4 部分：第 1 部分北极；第 2 部分沙漠；第 3 部分再入沙漠；第 4 部分火星的未来。本书介绍的技术内容与实例能够对开展载人火星探测提供有益指导，为未来执行首次载人火星探测任务提供宝贵的实践经验。

本书可供空间探测领域的专家学者及相关工作人员阅读，也特别适合空间探索爱好者阅读。

译者序

　　原书作者弗拉基米尔·普莱泽（Vladimir Pletser），来自比利时，拥有天文学和天体物理学博士学位，是欧洲空间研究与技术中心（ESTEC）微重力项目部高级物理学工程师，微重力条件下物理实验仪器的开发及抛物线飞行实验方面专家。2016~2018年，他在中国科学院空间应用工程与技术中心担任特聘研究员兼科学顾问，为机上抛物线飞行实验和中国空间站的微重力项目提供支持。

　　弗拉基米尔博士以轻松易懂的方式详细记录了三次参与火星基地模拟生存实验的经历及感悟，实验时间跨度为2001~2009年：2001年在北极圈以北的加拿大大北方地区，2002年春和2009年春在美国犹他州沙漠。本书内容以作者工作日记为基础，详细记录了乘组人员工作、日常生活起居等火星模拟实验的细节，并指出了实验中存在的问题，以及未来载人火星探测面对的问题，并有针对性地提出了相应的建议及解决措施，为未来实施载人火星探测任务奠定了一定基础。

　　火星，我们地球身边的红色邻居，一直是人类走出地月系统开展深空探测的首选目标。以往的探测发现了火星上存在水的证据，那么是否存在孕育生命的条件及火星是地球的过去还是地球的未来，成为火星研究中的重要科学问题。研究火星对认识地球演变也具有非常重要的比较意义。然而，最近5500万km、最远4亿km的距离，决定了火星探测并不轻松。据统计，在47次火星探测任务中，仅有25次成功或部分成功，成功率为51.2%。而火星着陆任务的风险更高，22次着陆任务（着陆火星19次、着陆火星卫星3次）中，只有10次取得成功，成功率为45%。

　　深空探测是当今世界高科技中极具挑战性的领域之一，是众多高技术的高度综合，也是体现一个国家综合国力和创新能力的重要标志。我国开展并持续推进深空探测，对保障国家安全、促进科技进步、提升国家软实力及提升国际影响力具有重要的意义。2020 年7 月，长征五号遥四运载火箭将"天问一号"探测器发射升空，飞行2000 多秒后，成功将探测器送入预定轨道，开启火星探测之旅，迈出了我国自主开展行星探测的第一步。2021 年 5 月，我国首次火星探测任务"天问一号"探测器在火星乌托邦平原南部预选着陆区着陆，在火星上首次留下中国印迹，迈出了我国星际探测征程的重要一步。随后"祝融号"火星车安全驶离着陆平台，到达火星表面，开始了它的巡视探测任务，成为人类火星探测史上的里程碑事件——在一项火星探测任务中，首次同时完成环绕、着陆和巡视三项探测目标。然而，我国对火星探索不会停下脚步，已经有科学技术人员提出了力争在 2033 年实现首次载人探测火星的目标，提出我国的载人火星探测计划分三步走：第一步是机器人火星探测（技术准备阶段），主要任务包括火星采样返回、火星基地选址考察、原位资源利用系统建设等；第二步是初级探测（初步应用阶段），主要任务包括载人环火、轨道探测、载人火星着陆探测、火星基地建设等；第三步则是航班化探测（经济圈形成阶段），主要任务包括大规模地火运输舰队、大规模开发与应用等。当然，我国的载人火星探测计划还有诸多关键技术难题，这些难题主要包括航天运输系统总体设计技术、大规模星际运输推进技术等。所以，目前来说这还只是个伟大的构想。但随着科技的进步、人类改造自然和创新能力的提升，人类终有一天能够征服这片红色的土地。而我们中国人，从古至今创造了一个又一个的奇迹，在新的太空时代中，也一定能够运用我们的智慧和勇气，再创新的辉煌！

　　值此契机我们组织开展本书的翻译工作，并且进行科学普及也是每一位科技工作者的社会责任。为此，我们逐字逐句反复研读原书，以保持原书娓娓道来的风格，力图让本书中文版成为一本值得反复重读、细细品读的好书。就让我们跟随弗拉基米尔博士的脚步，穿过时光的隧道同他一起回到任务开始的地方。

魏广东　董　妙　杨　扬

中国科学院空间应用工程与技术中心

谨以此书献给迪米特里、马特、杰克、安东、本、汤姆、埃洛伊丝、劳拉、罗曼、维多利亚、蒂格兰、尼尔斯、李，以及下一代，愿火星探索之旅薪火相传。

——弗拉基米尔·普莱泽
中国科学院空间应用工程与技术中心
中国北京

致　谢

　　对于大多数人而言，我们进行的火星模拟实验无疑是令人心潮澎湃的探险之旅。

　　首先，感谢我的家人珍妮和迪米特里，感谢他们的支持与耐心。

　　感谢朋友们的慷慨相助，由于篇幅有限，在此便不一一列举。我要特别感谢维罗妮卡、菲利普、米歇尔、克里斯多夫和伯纳德，感谢他们为实验筹备工作付出的努力；感谢克里斯蒂安、提奥和胡安对外宣工作的帮助；感谢我在北极和沙漠地区探险的队友罗伯特、比尔、凯西、史蒂夫、查尔斯、安德烈亚、大卫、扬、南希、尤安、阿努克、丹妮尔、斯特凡和杰弗里；感谢阿齐兹的热情接待；感谢科琳、帕斯卡、约翰、乔和唐·卢斯科提供的后勤服务。

　　感谢巴黎地球物理学院（Institut de Physique du Globe de Paris）提供的地球物理仪器。

　　感谢欧洲航天局提供的相机和计算机设备。

　　感谢米歇尔帮助录入部分手稿。感谢查尔斯、珍妮、迪米特里、佩林、布丽吉特、骞和扬参与英文手稿各个阶段的讨论和修订。

　　感谢扬、骞和简为出版本书付出的所有努力。

　　最后，感谢康斯坦丁·齐奥尔科夫斯基先生对太空和地外文明世界矢志不渝的求索，以及对后世的深远启迪。

　　本书作者获得了中国科学院"外国专家特聘研究员计划"的项目资助（批准号2016VMA042）。

你好!

我是弗拉基米尔·普莱泽（Vladimir Pletser），来自比利时，是土生土长的欧洲人。读罢这篇序，相信你会了解我为什么对太空与星际探索事业如此热衷。从孩提时代起，太空、航天和探索新行星，便已成为我心中所向，让我朝思暮想、乐此不疲。可以说，太空研究引领了我的一切研究与职业发展。

我先后获得了多个学位，主修系统与动力学专业的机械工程学学位、主修空间物理学的物理学专业硕士学位，以及主修天文学和天体物理学专业的物理学博士学位。但我本人并非是个"书呆子"，相反，我热衷运动与太空探险。

1985年，我加入了与美国国家航空航天局（NASA，又称美国宇航局）齐名的欧洲航天局（ESA，又称欧空局），由此开启我的太空事业。随后，我在位于荷兰诺德韦克（Noordwijk）的欧洲空间研究与技术中心（ESTEC）微重力项目部担任高级物理学工程师一职长达30年之久。

在任期间，我主要负责两个项目：一是失重（也称微重力）条件下物理实验仪器的开发。我曾参与过太空实验室、和平号空间站和国际空间站组织的几次地面太空任务。二是欧洲航天局的抛物线飞行实验。实验室飞机沿着抛物线或驼峰形状轨迹飞行，期间会经历约20秒的失重体验。截至目前，我已完成了7300余次抛物线飞行实验，失重时长累计39小时18分钟，大致相当于近地卫星绕地球26周所花的时间。

自2016年以来，我在中国科学院空间应用工程与技术中心担任特聘研究员兼科学顾问，为机上抛物线飞行实验和未来中国空间站的微重力项目提供支持。

1991 年于比利时，我有幸参加了航天员选拔，成为实验室专家候选人，另有其他三名候选人和一名飞行员候选人。

虽尚未进入太空，但我对太空也有些许了解。其实几年前，我曾有机会升空，但无奈失之交臂。鉴于此事与本书关系不大，留待日后分享。

我曾有幸数次参与国际载人火星模拟实验。第一次是 2001 年在北极圈以北的加拿大大北方地区；第二次是 2002 年春在美国犹他州沙漠；之后，2009 年在美国犹他州沙漠，我与 ESTEC 的一名同事共同发起了第三次模拟实验，名为"欧洲地缘火星"（EuroGeoMars）项目，我担任项目乘组指挥官。

在工作中，我有记日记的习惯，记录平日想法、舱外考察期间进行的实验、乘组人员活动，以及日常琐事。本书就是依据我的日记所写，其间又添加了一些评论与注解。

为什么要去火星呢？首先让我介绍一下地球的这个近邻。

火星距离我们并不遥远，以太阳为中心，火星是太阳系的第四颗行星，就在地球的"隔壁"。从天文尺度来看，火星同样并不遥远。来看一些数据。地球围绕太阳旋转，日地距离约为 1.5 亿 km［约 9320 万 mile（英里，1mile ≈ 1.609km）］，在宇宙尺度乃至太阳系尺度上，这个距离可以说是微不足道的。即便如此，以约 30 万 km/s（约 18.6 万 mile/s）的光速计量，太阳发出的光仍需约 8 分钟方可到达地球。翻开本书扉页时太阳射出的阳光，大约在你读到这里时才刚刚抵达地球（当然这也取决于你阅读速度的快慢，在此不做深究）。天文学家把 1.5 亿 km（约 9320 万 mile）的日地平均距离记为 1 个天文单位。

火星同样围绕太阳旋转，且与地球的旋转方向相同，只是距离太阳更远一些。平均下来比日地距离远 1/2，即 1.5 个天文单位。有时候，相比太阳，火星距地球更近。此外，火星是四颗类地行星之一，也就是与地球相似的行星。其余两颗分别是水星（距离太阳很近，因此温度过高，没有大气层）和金星［从太阳向外的第二颗行星，同样温度很高，温室效应使其平均温度超过 400℃（约 750℉）］。

为了说明得更为客观，下面列举一些地球和火星的参数比较。

由于火星的体积比地球小，所以人在火星上的体重数值也会减少。火星直径接近 6800km（约 4200mile），而地球直径接近 1.28 万 km（约 7900mile）。火星总质量约为地球的 1/10。火星表面的平均重力大概是地球的 38%，因此，地球上一个 70kg［约 154lb（磅，1lb≈0.454kg）］的人到了火星，其体重便只有 26.6kg（约 58.6lb）。

火星上每天也有日出日落。火星一天比地球一天长约 40 分钟，一个火星年相当于 686 个地球日，约等于两个地球年。

火星较冷。地球平均温度约为+14℃（约+57℉），而火星平均约为-53℃（约-63℉）。但和地球一样，火星昼夜及赤道和南北极之间有温差。在火星上，赤道温度变化显著，正午可达+22℃（约+72℉），夜间则降至-80℃（约-112℉），南北极温度可降至-120℃（约-184℉）。

地球大气层由氧气和氮气构成，其平均大气压强为 1bar［0.1MPa 约 14.5lbf/in²（磅力每平方英寸），1lbf/in² ≈ 6.895kPa］。火星也有大气层，但主要是二氧化碳（即 CO_2，其分子由 1 个碳原子和 2 个氧原子构成，是人体呼出废气的主要成分，不可再次用于呼吸），平均大气压强为 7~8mbar（0.1~0.115lbf/in²），为地球的 1/140~1/120。

地球自带磁场，可以保护人类免受太阳和宇宙射线的辐射。火星上也有磁场，但极其微弱，只有地球的 1/500000[⊖]。科学家仍在研究火星磁场究竟是地质活动的残留，还是由液态地核运动所产生的。

火星在某些方面与地球十分相似，但这两颗行星之间也存在天壤

⊖ 火星磁场与地球磁场差异很大。火星并没有像地球一样的全球磁场。也有飞行探测器测得的火星磁场强度为地球的 0.1%~0.2%，但其磁场空间复杂还有待进一步研究。——译者注

之别。

　　火星毕竟是地球的邻居。鉴于人类多期望与近邻保持着和睦关系，时而拜访一下邻居也是理所应当。早在 50 多年前，人类便有了这个想法，第一枚火星探测器于 1964 年 11 月发射，并于 1965 年 7 月成功飞抵火星。

　　人类为什么对火星如此感兴趣呢？为何要不远万里地奔赴火星呢？发射载人飞船的意义何在呢？这些问题既简单又难以回答，因为答案千差万别，每个人心中都有自己的答案。

　　我们先从简单的角度来思考。自古以来，人类便幻想着可以飞行离开地球表面。在古希腊神话中，伊卡洛斯（Icarus）戴着用蜡和羽毛粘制的翅膀飞行。不幸的是，他情不自禁地越飞越高，翅膀上的蜡被太阳灼化，旋即坠入海中丧生。为了纪念伊卡洛斯，人们以他命名了埋葬其的海岛。几个世纪以来，人们相继进行了多番尝试，或者严肃认真，或者异想天开。直至 20 世纪，大名鼎鼎的俄罗斯学者康斯坦丁·齐奥尔科夫斯基（Konstantin Tsiolkovsky）写下数篇主题为宇宙航行的论文，其中有一句话震古烁今——"地球是人类的摇篮，但人类不会永远生活在摇篮里！"

　　康斯坦丁所言极是。正是出于对发现、探险和梦想的热忱与追求，加之以政治经济等现实因素的驱动，克里斯托弗·哥伦布（Christopher Columbus）远航西行，查尔斯·林德伯格（Charles Lindbergh）驾驶着重于空气的飞机完成跨大西洋飞行，沃纳·冯·布劳恩（Werner Von Braun）制造火箭飞入太空。无数梦想家踏上星际征途，驶向远方星海，探寻宇宙奥秘。人类不断超越自我，开辟探索，追寻未知。那么回到前面提到的第一个问题，人类为什么对火星如此感兴趣呢？答案很简单，因为火星就在那里，除了自动探测器和仪器设备以外，人类尚未登陆这片陌生的土地。

　　第二个问题是，为何不远万里地奔赴火星呢？我等科学家可能回答，通过分析星球异同，可以更好地了解地球，以及星球形成过程。这一点意义重大。宏大的研究和探索计划，有助于科学取得巨大飞跃。但是这些计划需要人亲自参与吗？真的有必要把人送往其他星球进行实地研究吗？难道不能通过完善现有的望远镜和自动化操作技术，以更低的成本，实现更先进的研究吗？选择人工还是机器代替，这个争论其实由来已久。机器无须考虑温饱与氧气，对压力承受力强，且无须回返地球，因此成本更低。但是载人航天飞行的支持者认为，机器只会刻板行事，缺乏自主性。换言之，人工智能永远无法像人一样，根据环境变化做出调整，或者应对突发状况，做出临时决定。双方各执一词，各有道理。其实，人与机器是互补的关系。一些任务可以交由机器完美执行，而另一些任务机器则也无法单独胜任，需有人从旁协助。那么第二个问题的答案可以总结为推动科学与探索。

其实答案远不止于此。火星是片新的大地，一颗杳无人烟的全新行星。至少在今天看来如此。假如火星上有生命，那一定不是"小绿人"（否则早已被人类发现），而是以细菌或其他原始生命形式存在的。那么回到刚才的问题，火星是可供人类探索、研究的一个新环境，在尊重它的基础上，未来人类有望迁居火星并开发殖民地⊖。没错，这就像第一批欧洲殖民者发现美洲"新大陆"并在那里定居一样。但是，与几个世纪前不同，人类必须吸收历史教训，尊重新环境及可能发现的任何生命形式。

当然这话有些超前。这是一个长期目标，人类起码还需要几十年甚至上百年的时间，才有望见证火星上的第一个人类殖民地。关于"为何奔赴火星？"这个问题，于是有了第三个答案，即在火星定居。换言之，先在一个新的星球上建立人类殖民地，然后在漫长的时间长河里，一步步实现太阳系和银河系内星际移民这一宏伟目标。

当然也不乏其他原因，每个人都有自己的见解，无论是否是从个

⊖ 殖民原指强国向它所征服的地区移民。火星殖民是指，人类通过探索、研究和开发火星，希望有朝一日建立居住基地，并最终向火星移民，把火星变成人类的第二家园。

人角度出发的，是赞成或反对的，还是积极或消极、乐观或悲观的。这些原因背后还有对政治、哲学和经济因素的考虑。比方说，人类有权占有其他星球并进行开发吗？应当遵循何种模式和顺序，以及有哪些权利和义务呢？假如在火星上发现了原始生命，人类应该怎么做呢？这些都是太空探索支持者和反对者在国际会议期间讨论的议题。回归现实，我们有何行动呢？20 世纪 80 年代末，为了响应时任美国总统乔治·布什（George Bush）提出的载人航天倡议，美国国家航空航天局宣布了一项惊人的载人星际探索计划。计划建造一艘巨大的宇宙飞船，将乘组人员运抵火星，并承担在火星表面停留和往返地球的任务。这项计划预计耗资数万亿美元，已经超脱现实，因此面临融资难题。为此，一些当时供职于美国国家航空航天局的工程师和科学家创建了火星学会，并提出了一项大胆的应对计划，鉴于与本书关联性不大，在此便不赘述。如读者有兴趣了解更多详情，建议拜读火星学会创始人罗伯特·祖布林（Robert Zubrin）的著作。为什么美国国家航空航天局的计划行不通呢？在那些书中能够找到答案。祖布林博士和火星学会提出的"直达火星"计划采用"轻装上阵，离开地球"的原则。简而言之，计划首先发送一艘自动飞船登陆火星，用于乘组人员未来的返程飞船。这艘飞船上配备自动化"小型化学工厂"，可以用火星大气中的二氧化碳通过化学反应制备出甲烷（大致原理如此，略去更多具体说明）。接下来，4~6 名乘组人员将乘坐宇宙飞船出发，这艘飞船兼具阿波罗太空舱和太空居住舱的特点，并在第一艘飞船的着陆点附近降落。第一阶段航程预计约为 6 个月，乘组人员将在火星上停留一年左右，然后搭乘第一艘飞船返回地球，返程时长同样约为 6 个月。随后将派遣第二批乘组人员，并以此类推。获取更多细节，可以查阅参考文献中列举的祖布林博士的著作。

以上是为了告诉大家，凭借人类目前掌握的技术和知识，载人火星探测任务还是完全可行的。当然，尚有一些细节问题有待解决，本书将在第 4 部分展开讨论。但无论如何，人类已经掌握了火星探测技术。如今，人类对火星的了解远远超过 1969 年美国航天员率先实现登月的历史创举时对月球的了解。当时，从美国总统约翰·F. 肯尼迪（John F. Kennedy）宣布登月计划到最终实现，只有不到 10 年。

接着来介绍一下火星学会。这是一个因共同的热忱而组成的国际组织，成员包括科学家、工程师，以及对太空和星际探索充满兴趣的普通人。这是一个民间组织，纯粹依靠私人资助运转。火星学会最早成立于美国，现有加拿大、澳大利亚、日本、欧洲地区、法国、德国、英国、荷兰、比利时等分会。只需缴纳些许会费，任何人均可成为会员。学会旨在通过三方面行动推动载人火星探测任务的普及和发展。首先，通过会议、公共活动、辩论会等形式对公众进行教育和宣传；其次，对国际空间机构和政府开展游说行动；再次，广泛采取技术手段以证明火星探测任务的可行性，并从实践、操作和心理层面，对火星乘组人员开展为期数年的共同生活研究。为此，火星学会在地球上一处人迹罕至的地方建立了一个火星栖息地（简称"栖息地"）。在这里多种极端环境条件并存。一系列建筑模组于此组装成一个载人基地，也可以说这是地球上的火星模拟基地。在某些方面，基地与火星的气候、地质、生物等条件存在相似之处。

我三次参与了火星模拟实验，并从中受益良多。这些模拟实验为将来首次执行载人火星探测任务积累了宝贵经验。

归根结底，人类探索地球近邻的核心原因是受梦想的驱动。无论何时，我们都要永葆孩童一般纯粹的梦想和想象力。

接下来，请跟随我，开启梦的篇章。

弗拉基米尔·普莱泽

目　录

第 1 部分

北极

1 / 北极研究前记

2000 年 12 月的一天，我在"太空新闻网"（*Space News*）看到一篇关于罗伯特·祖布林和火星学会（Mars Society）的文章，讲述了在德文岛（Devon Island）建立的第一个火星栖息模块（Martian module）。德文岛位于北极圈以北的加拿大大北方（Great North）地区，人迹罕至。该文章还宣布将在几年后启动一系列火星模拟国际实验。实验将在一个人造栖息地中展开，其环境会模拟未来于火星上建立的栖息地。火星学会计划在 2001 年夏，组织第一次火星任务模拟国际实验，以证明载人火星探测任务在技术、科学和操作层面的可行性。当时学会正在招募志愿者参与实验。

那篇文章的标题我至今记忆犹新：《招募零报酬志愿者，共创载入史册的星际荣耀》（*Volunteers needed*，*no pay*，*enternal glory*）。我一下就被其吸引，迫不及待地点开。读完后，我心潮澎湃，发誓一定要加入其中。

网站发布的公告阐明了更多细节。六组（每组六人）轮流入住栖息地，十天一轮换，开展地质学、地球物理学、生物学和群体心理学领域的科学实验。实验侧重于模拟操作，我们将"成为"火星航天员，身着模拟航天服在栖息地外活动，并严格遵守出入减压气闸舱相关规定，乘组人员通过无线电与控制中心通信，并存在 30min 的延迟，以模拟真实的火星任务场景。

"志愿者需要身体素质良好，并具备一定的野外作业经验，特别是在极端环境下。"这些条件我统统满足，无论是工作中的零重力专业抛物线飞行实验，还是业余个人爱好（我是潜水和跳伞运动爱好者，还拥有私人飞行执照），都让我积累了丰富的经验。

"志愿者需要有在多元文化和异国环境中生活和工作的经验，能够用英语进行交流。"作为欧洲航天局（ESA）的工作人员，我身边的同事来自 15 个不同国家，工作语言是英语，这一条也不在话下。

"志愿者应能够说明和解释模拟任务的目标和活动内容，并具备相关方面的宣传经验。"我定期发表科技论文，多次在面向公众和高校举办以空间和空间研究为主题的会议中进行报告，这一条同样符合要求。

"志愿者需设计一项模拟实验提案。"没问题，给我点时间思考一下。

最后一条，"为证明自己符合资质要求，志愿者需有三位证明人推荐。"我当即想到了比利时皇家天文台主任保罗·帕奎特（Paul Pâquet）教授，他是我的博士论文导师；还有维罗妮卡·德汉特（Véronique Dehant）博士，在她的帮助下我获得了地球物理学硕士学位，她也是比利时皇家天文台的科学家，负责 2007 年法美 NetLander 火星登陆器任务的自动实验；我的好友简·弗朗考斯·卡瓦略（Jean-Francois Clervoy），欧洲航天局航天员，我们在 20 世纪 80 年代末共同参与了法国国家空间研究中心（CNES）的"快帆"（Caravelle）抛物线飞行实验。

我和维罗妮卡讨论了，对于第一批登陆火星的人类航天员，要开展何种实验。她首先提到的是给部署在火星上的太阳电池板除除尘。火星上的沙尘暴可持续数天乃至数周，会对太阳电池板造成严重影响，因此航天员需要勤加清理。我笑着回答："安心吧，我在家里也会主动做家务的。"这让我想起了那个猴子和航天员的故事。在一次早期太空任务中，一只猴子和一名航天员被一起送入太空，并携带内附指令的信封。进入轨道后，猴子打开信封阅读指令，然后操作按钮，开启闪光设备，矫正轨迹，使用仪器收集样本，进行一系列看似复杂的操作。航天员看得目瞪口呆，他看了看手表，是时候打开自己的信封了。纸条上写的是，打开冰箱，拿出香蕉，剥香蕉皮，喂猴子吃……

言归正传，我认为我们或许应该开展更高端些的实验，以便让人类的聪明才智可以真正发挥。维罗妮卡向我引荐了她的一位同事，菲利普·洛尼奥内（Philippe Lognonné）博士，他供职于巴黎第六大学地球物理研究所，负责一项火星登陆器任务的地球物理实验。菲利普博士很快提出了一个有趣的想法，并获得了大家的一致赞同，那就是通过地震实验来探测火星是否存在地下暗湖。

在填写好所需信息和实验提案后，我发出了志愿者申请函。

后来，我与火星学会的代表交流时得知，提案的筛选极其严格，竞争也相当激烈，全球共有 250 名科学家、工程师和太空专家参与角逐。最终，仅有十名申请人突围，其中三名来自欧洲。我很荣幸跻身其中，参加 2001 年 7 月 8 日~17 日举行的第二轮选拔。最终，我们的法国-比利时地球物理实验提案由火星学会科学委员会批准通过。

一切进展得很顺利，但是准备工作不可大意。我再一次联系了菲利普博士，他愿意为此次实验提供设备。而且他主动邀请我前往位于法国中部卢瓦尔河畔的加尔希地球物理中心（Geophysical Centre of Garchy）进行为期两天的实地培训。

同时，我还要收拾个人装备，为这次极地考察做准备。美国国家航空航天局艾姆斯研究中心（NASA Ames Centre）和火星学会研究员帕斯卡·李（Pascal Lee）博士，给我发来了一份详尽的"三类"清单，列出了前往北极必须携带、强烈推荐和好用的物品，如极地睡袋（必备！在极地荒漠打地铺时用得上）、保暖的防雨夹克、登山靴、运输袋等。他还建议把所有物品单独装入带拉链的小塑料袋中，我当时不明白为什么，但转念一想，就理解了。在极地的雨雪天气中，如果只凭一个密封袋，就想保持所有衣服干燥，无异于痴人说梦。

下面接着说实验的准备阶段。我们与菲利普博士约在 2001 年 6 月初的一个周末会面。星期日下午，他到法国普伊（Pouilly）火车站来接我。天气晴朗宜人，我们坐在露台一边啜饮冰镇的白葡萄酒，一边讨论火星探索之旅、火星登陆器任务，以及我们的实验。一切都妙不可言！随后我们驱车前往几公里外的加尔希地球物理中心，并在那里落脚。睡前，菲利普递给我三份教学大纲，厚度不等，1～3cm的皆有，并说道"拿着，明早上课之前把这些内容看一遍"。当时已过午夜，我大致扫了一遍，尽管内容引人入胜，但很快我便遁入了梦乡。第二天一早，我见到了米歇尔·迪亚门（Michel Diament）博士，他是菲利普的同事，在巴黎负责这些科目的教学工作，以及实地操作培训。因为，折射波与我们的实验密切相关，于是，米歇尔向我介绍了土壤中地震波传播前沿理论。幸好昨晚读了大部分内容，我才能快速地掌握理论基础，并重点学习实验操作。我了解到，由于预算削减和架构调整的原因，这座大型研究中心将在未来几年关闭。属实令人遗憾！毕竟，这样的场所，能够提供丰富的授课和研究资源，让世界各地的学生和研究人员可以发挥其才能！午餐时间，我见了很多人，包括讲师、工程技术人员和行政人员，他们也想见见"火星航天员"，于是纷纷走上前来与我握手。多么温馨轻松的时刻！这一天至今依然历历在目。米歇尔介绍了在铺展长达数百米的电气和数据采集线时有哪些注意和禁止事项；如何配置野外计算机系统以获取各项数据；如何在该计算机上执行首次分析；如何安装地震传感器，以及如何通过手锤或发射震源枪来生成震源。我们也曾设想过使用炸药，但加拿大这一地区对炸药的进口和使用设定了严苛的法律法规。所以手锤和震源枪成了实验选择。我们商量后，达成一致：我负责编写实验设置、运行和分解步骤，米歇尔根据需要进行修改。在这么好的天气下，高强度学习一整天，让我倍感充实。夜幕降临，菲利普送我到巴黎搭乘法国 TGV 高铁返回荷兰，因为第二天一早我必须赶回办公室。我这段时间的工作安排相当紧凑。当时，我正负责开发一种研究蛋白质结晶的仪器，计划在 2004 年把仪器送上国际空间站。所以，为了配合发射进度，我们必须赶在 2003 年年中完成交付。当时已经进入了正式的项目审查阶段，我邮箱里塞满了电子邮件，办公桌上也满是传真。而我还要准备随身携带物品，于是一整个下午我奔走于运动和探险考察用品专卖店购置需要的各项装备。

几天后，我得知祖布林博士和克里斯·麦凯（美国国家航空航天局火星探测领域的知名人士）将参加火星学会荷兰分会在代尔夫特大学（Delft University）主办的一场会议。这是一次和祖布林博士见面的好机会。他担任我们的组指挥官，我们可以当面探讨一下此次模拟实验。作为一名出色的演讲者，祖布林博士的发言引人入胜，让听众迫不及待地想要动身前往火星。他动之以情，晓之以理，绘声绘色地描绘出一个新世界的蓝图。演讲结束后，我们坐下来展望了未来的模拟实验，讨论了我们的此次实验。他慷慨热情，同意分担一部分设备运费。总计三个大板条箱，重达 130kg。他提议承担巴黎到加拿大渥太华之间的运费，罗伯特则代表火星学会承诺负责在加拿大境内的剩余运费。这一段路程不容小觑，从地图上看，从渥太华到德文岛比从巴黎到渥太华的跨大西洋航程还要长。我们还探讨了模拟实验的现实可行性。此外，我还获悉，探索频道（Discovery Channel）将成为这场首次国际实验的赞助商之一。探索频道是一个家喻户晓的电视台教育频道，风靡英国、北欧和美国。节目组将赴德文岛拍摄记录全程，每集时长一个小时，定于当年秋季在美国首播，2002 年春季在欧洲播出。

目前看来，实验的一切工作都已准备就绪。

但我还需要和比利时的一些媒体对接，请它们对模拟实验和法国-比利时实验进行报道。我联系了老朋友克里斯蒂安·杜布鲁勒（Christian Dubrulle），他在比利时《晚报》（Le Soir）工作，曾多次陪同报道我们的抛物线飞行实验。他对这次的实验很感兴趣，于是相约在布鲁塞尔与我和维罗妮卡·德汉特会面。我认为很有必要让公众了解比利时和法国拥有全世界最出色的地球物理学研究人员，并且他们在地球和火星测地学和地震学方面颇有独到的经验。见面后，我们一拍即合，克里斯蒂安同意在实验前后发表几篇文章，而我会每天向他发送活动汇报。同时，我还会为欧洲航天局官网的电子杂志收集素材。我随身携带从欧洲空间研究与技术中心（ESTEC）摄影部门借来的两部静态照相机，分别是普通照相机和数字照相机，旨在全面呈现考察过程。

历经了几番奔波之后，基本上已经万事俱备。但随着出发日期的临近，我忽然发觉，自己并没有对这场隔离实验做好充分的心理准备。整整十天的舱内生活，偶尔全副武装身着舱外航天服出舱，我能从头到尾坚持下来吗？假如乘组人员出现内部矛盾，团队负责人该扮演怎样的角色？私下里我见过这名负责人，他聪明机智、口才过人，但他能够胜任领导者和队长的角色吗？依靠定量配给水，人真的可以挨过十天的密闭生活吗？经过一番深思，我认为可以完成任务。想想那些穿越沙漠或在沙漠中迷路的人，凭借更少量的水挺过了更长的时间。但在舱内，我们又必须以团队为单位工作、运转和生活。无论如何，走到今天，我已经为这场实验做了太多的准备，还有这么多人与我一道前行。开弓之箭断无回头之理，实验必须取得成功。于是乎，我很快打消了疑虑，像往常一样对自己说：走一步看一步！现在万事俱备，只欠东风，想明白这些问题之后，我顿觉豁然开朗，这也说明我对眼前面临的困难有清醒的认知。还有几天的时间用来做心理建设，不久后，我即将短暂地离开地球文明，奔赴北极成为一名火星航天员，在极昼中度过几周的时间，完成一次火星模拟实验。几天之后，我将于北极"登火"。

2 / 北极研究中记——
FMARS 研究站日记

注：本日记完整地记录了我在德文岛驻留期间每天的日常生活，欧洲航天局官网和比利时《晚报》亦刊发了大量摘录内容。每篇日记标注当天的日期。"第 0 天"表示按计划进入火星栖息地的当天。

2001 年 7 月 3 日星期二，倒数第 5 天

今天是行程的第一天，也是漫长的一天。先从阿姆斯特丹飞往伦敦，然后搭乘加拿大航空（Air Canada）公司的航班抵达埃德蒙顿，一路顺利。我就着加拿大啤酒吃了些三文鱼，口感一流。一口啤酒入喉，让我想起了几年前在布鲁塞尔一家俱乐部看橄榄球赛时，第一次品尝到的科罗拉多银子弹（Coors）啤酒，虽然依然无法超越我故乡的比利时啤酒，但那清新纯粹的口感让我久久难以忘怀。

此刻，我在埃德蒙顿的酒店房间里写下这些文字。刚刚读完《易行指南：加拿大》（*The Rough Guide to Canada*）中关于北方地区和努纳武特地区（Nunavut）的章节，顺带看了历史和地理章节。这本书饶有趣味，令人受益匪浅。说来有趣，书中写到在人员精良、设备齐全的情况下，人类到达的加拿大最北部地区为巴芬（Baffin）岛和维多利亚（Victoria）岛附近，但这也距离我们的目的地相去甚远。我们要去的地方纬度更高，首先要到达雷索卢特（Resolute）岛，赶上最后一班飞机前往德文岛。从地图上看，雷索卢特岛是加拿大最北部的一个居民点。

当地时间凌晨 2：00，也就是欧洲时间傍晚 19：00，飞机降落在雷索卢特。我钟爱向西飞行，那种在云端逐日的长途旅行让我陶醉其中。其实，无论是这次旅行，还是模拟实验，时间都不是重点。首先，这个时间段北极地区一直是极昼；其次，在没有昼夜之分的条件下又伴随着时差，何必像在正常环境下一样计算24小时呢！相信要不了3周时间，我们从各自所在的地区生活中习以为常的时间基准将逐渐抹去，取而代之的是全新的体验和限制。

打个比方，我明天（7月4日星期三）要乘坐加拿大航空旗下承揽国内航班业务的子公司第一航空（First Air）的航班，从埃德蒙顿出发，经转耶洛奈夫（Yellowknife），最终抵达雷索卢特，两段行程的出发和抵达时间分别为21：05—22：50和00：15—03：35。你能想象在同样的天空下，起飞和降落看到的是一成不变的天色吗！但在极地地区，这再正常不过，正所谓要入乡随俗。

在过去的几周，我忙于处理欧洲空间研究与技术中心的日常工作，同时为此次考察做准备工作，思想压力和奔波劳顿让我感到些许疲惫。昨天在布鲁塞尔会见了一些友人，并和记者朋友谈了谈这次行程。今天早上，我回欧洲空间研究与技术中心查看了一些电子邮件，并通过特殊编码的计算机访问受欧洲空间研究与技术中心防火墙层层保护的Lotus Notes电子邮件系统。无论如何，这又是漫长而有趣的一天，正如我每次踏上跨大西洋之旅一样。

就此搁笔吧，我打算在睡前再看几页书。那就这样吧。

弗拉基米尔

2001年7月4日，星期三，倒数第4天

今天是行程的第二天，我们到了加拿大大北方地区，刚刚落地西北地区首府耶洛奈夫。我坐在这个小机场里，裹着厚厚的冬衣，对面是一只白色的大北极熊标本作品。

从飞机上俯瞰耶洛奈夫，景色秀美令人惊叹。放眼望去，旷野辽阔一望无垠，河湖遍地。巨大的海湾内遍布着大小不一的岩石岛屿，地面上覆盖着松林与岩石地貌。现在时间是23：00，温度约为15℃（约60℉）。我们乘坐的这架老式波音727飞机在飞行过程中经历了几次剧烈的气流颠簸，大家付之一笑，并未受到影响。其他乘客看起来大多像伐木工人或返乡的因纽特印第安人。走进机场我首先讶异地

发现，四处皆是亚洲人面孔，但实际上他们都是因纽特人。公共场所采用双语标识，分别是英语和因纽特语。后者无论听起来还是读起来都颇具异国情调，颇为悦耳。因纽特语的文字与分布在斯堪的纳维亚（Scandinavia）半岛的北欧古文拉普（Lapp）语颇有相似之处，我猜测两者可能同源。

前往雷索卢特的联程航班计划于次日 15：00 起飞，但在离开埃德蒙顿之前我们获知，雷索卢特天气恶劣（大雾），但航班仍将按计划执飞并尝试降落。假如降落失败，将重返耶洛奈夫。也就是说，如果计划执飞 00：15—03：35 航班的飞行员决定返回，我们会在05：30落地耶洛奈夫。花一晚上的时间在北极圈上空兜一圈最终又回到起点，我想大多数人都不希望如此。特别是，第一航空公司的人告知我们，如因恶劣天气等原因导致航班无法按原计划执飞，航空公司不承担任何责任。算了，我们走一步看一步吧。

抛开航班问题，今天过得还是非常轻松有趣的。早上享用了一顿丰盛早餐后，我打开计算机登录欧洲空间研究与技术中心网络服务器，发送了几封电子邮件。下午去逛了西埃德蒙顿购物中心（West Edmonton Mall）。建成时，它成为当时全球最大购物中心，配有世界最大停车场。商场里可谓是琳琅满目，令人目不暇接，超大水池里摆放着1：1复刻的克里斯托弗·哥伦布率领的圣玛利亚号，旁边是个海豚馆。巨大的冰场里正在举行一场冰球比赛，游泳池里配备造波机和水上滑梯，在一个大型集市里可以乘坐过山车（我玩过两次，挺刺激，就是时间太短了），三座电影院，数不胜数的餐厅、酒吧、商店等。我进影院看了《鳄鱼邓迪3》（Crocodile Dundee 3）（没有前两部好看，但还是挺有趣的，《玩命双龙》（Men at Work）里一个 20 岁左右的明星参演了这部电影）。

虽然我昨晚睡得很香，但偶尔还是感到疲惫，电影中途几乎要睡着了。不过这也正常，当时是星期三晚上 23：40，因为时差的关系，对我来说时间应该是星期四早上 06：40，何况接下来还有几个小时的行程呢。外面阳光普照，天色就像是家里的傍晚或清晨。距离极昼的到来越来越近了。

即使在机场里吹着空调，还是有成群结队的蚊子。而我居然忘了带驱蚊膏。听说在高纬度地区短暂的夏天里，蚊子会变得格外贪婪。这也是麋鹿和北美驯鹿在天气变暖时向北迁徙的原因之一。

登机提示音响起了，我要继续出发了，明天见。

弗拉基米尔

2001 年 7 月 5 日，星期四，倒数第 3 天

今天终于抵达雷索卢特！昨晚的飞行一半在云层穿梭（而且相当颠簸），另一半则是蓝天。俯瞰地面，景色绝佳，海洋和湖泊已经结冰，干燥的地面岩石裸露，没有一丝树木或植被，一个个小水塘看起来就像大地撕裂的伤口，而且都朝着同一个方向。飞越南部的冰冻海湾后，我们到达了目的地，这里是北部第二远的聚居点，约有 230 名居民和一些家犬。地图上用一个大点标示该地，但到了实地亲眼所见的感觉截然不同。飞机在一条由石头和鹅卵石铺就的跑道上降落，而不是常见的混凝土或沥青柏油路面。机场就像一个大厅，人们在这里见面并相互拥抱。我看到了几个眼熟的人，他们刚才和我搭乘同一航班。大家就像住在这座边陲小镇的熟人一样，相互打招呼聊天。人们都非常友好，因为漫长的极昼可持续半年之久……

雷索卢特的夏天

（图片来源：弗拉基米尔·普莱洋）

　　我见到了科琳·莱纳汉（Colleen Lenahan），他负责美国国家航空航天局霍顿火星项目（HMP）的后勤保障工作。该项目以德文岛上的霍顿陨石坑命名，而我们的目的地也正是此处。该项目与火星学会的项目同步运行。我还见到了阿齐兹·赫拉吉（Aziz Kheraj），一个有着多血统、待人友善的"年轻"男子。他来自坦桑尼亚，但有着印第安血统，已经在雷索卢特居住了20~25年。阿齐兹娶了当地一位因纽特印第安姑娘为妻，两人膝下早已是子孙成群。他经营着雷索卢特最好的酒店，在镇上还有一些其他业务。阿齐兹可以说是雷索卢特的百事通，他在本村和方圆几百公里内的其他周边村镇无人不晓，大家时常找他帮忙解决问题。一起过来的还有安迪（Andy），他来自纽芬兰，是一名焊工，15年前便踏上了北极之旅，由此爱上了这片土地（很快我就明白了缘由）；还有工程师乔（Joe），他将到更北的地方为一座高级气象站新建一座发电厂（他没有透露具体细节。这个人很健谈，但唯独对这个话题避而不谈；周围确实有一些驻军，像这种气象站不会出现在民用地图上）。

　　天气好极了，蓝天白云、阳光明媚，尽管现在是午夜，时间是加拿大中部时间凌晨3：30，比埃德蒙顿晚一个小时。把行李放在阿齐兹的车上，我们便沿着一条崎岖的小路进村，沿途没有沥青路，只有鹅卵石和碎石。回到阿齐兹的酒店喝下一碗汤，闲聊一会儿，是时候上床休息了。我在飞机上眯了好几觉，虽然感觉累，但并不想睡觉。就好像体内注入了某种新能量，也可能是因为外面阳光灿烂的缘故。我出去绕着村子走了一圈，一直走到海湾，伸手触摸结了冰的海面。奇怪的是，这里从空气到地面都非常干燥，而不远处就是海冰，确实很矛盾。四下看不到任何植被，见不到一棵草，一丛灌木，甚至一只鸟，唯有遍地光秃秃的岩石和鹅卵石。不过，后来在路上偶然发现了两朵黄色小花。寥寥无几的木屋由小柱子支撑，可以看到房子扎在冰里。这让我想起了几年前去过的位于斯瓦尔巴（Svalbard）群岛的斯匹次卑尔根（Spitsbergen）岛，那里的孩子们骑着自行车和狗狗追逐玩闹。现在已经是将近凌晨4：00，而太阳高高在上，和正午时分几乎没有差别。我来到海湾的边缘，这里的海水没有完全结冰，从岸边到冰面有一米多的距离，水上漂浮着几个冰块。我助跑起跳，踏上一块瑰丽的蓝绿色海冰。听附近的人说，几年前海水尚能全部结冰，冰一直结到海湾边缘。现在岸边的冰融化了，海冰线每年都在一步步后退。这也许就是全球变暖的迹象吧……

背后是雷索卢特湾

（图片来源：弗拉基米尔·普莱泽）

　　之后我回到阿齐兹的酒店，然后上床睡觉。睡足整整 6 个小时，温暖的床和香甜一觉真令人心满意足！

　　醒来时，天色大变。天空灰蒙蒙的，正下着雨，我睡着的时候甚至下了雨夹雪。早餐当然是与我无缘了，不要紧，要不了几分钟就要吃午餐了。在极地地区，时间的流逝不以日出日落为参考。在极昼条件下，"一天"24小时内唯一可以参考的时间点就是按时供应的一日三餐。在饭点以外的时间，每天有热气腾腾的鸡汤和吃不完的三明治随时供应。厨师叫尼克（Nick），是英国人，他每年一半的时间待在雷索卢特工作，剩下的半年时间去加拿大西部。我和同住在酒店的其他人打了照面，他们准备前往各自的极地目的地。其中有五六个人是探索频道的工作人员，摄制组12天前就到了。因为天气原因，他们滞留在雷索卢特和德文岛。最近几周降水太多，德文岛的道路非常泥泞，导致飞机跑道也无法使用。两天前，探索频道摄制组的部分工作人员已飞往德文岛。但天气瞬息万变，剩余人员不得不继续留在雷索卢特。另外，还有一批军人在等待合适的时机向那座高级气象站转移。待在雷索卢特的日子，除了四处走走，打打台球，看电视和录像带之外，并没有太多的消遣。

我在前面提到过，雷索卢特的气候非常干燥，大概是缺少酒精和啤酒的"滋润"。要不了几天，人们就会发现自己像在原地踏步。

我结识了凯西·奎因（Kathy Quinn），她是一位来自美国波士顿麻省理工学院（MIT）的年轻地质学家，也是橄榄球运动员。我们在火星栖息地被分配在同一个班次，她从渥太华出发，和我一样是昨天抵达的，不过是下午。我和她讨论了我们的地震实验，她愿意帮忙，这让我感到无比高兴。她在地质学和地球物理学方面的专业知识无疑是雪中送炭。祖布林博士今天下午打电话告诉我，设备仍滞留在渥太华海关，需要签字才能放行。于是我给菲利普博士打电话，他是此次实验的合作研究者，也是出借法国巴黎地球物理学院（Laboratoire de physique du Globe de Paris）设备的负责人。我恳请菲利普博士尽快发送签名，并希望设备在星期六送达雷索卢特。下午晚些时候，科琳·莱纳汉通知大家，由于天气恶劣，预计星期六甚至星期日上午之前都无法飞往德文岛。目前只有一架飞机运行，另一架几天前抛锚了。所以我们会比计划晚到两三天，去往德文岛的一路上确实充满了坎坷……

雨还未停，下着毛毛雨，风来雾散。要想飞往德文岛，出发和降落两地都要天气良好。因为所有极地航班都只能依靠视线飞行，所以即使这边能见度可以，但那边有雾，也不能成行，反之亦然。尽管我们星期日进入火星栖息地的计划保持不变，但在到达后要调整适应新的时间表。

好在阿齐兹的酒店房间很宽敞舒适。这里可以联网，尽管网速有限，一些视频加载缓慢。但对于受恶劣北极天气影响，滞留在此地的人来说，基本能够满足日常所需。我们和乔一起外出拍摄了一匹狼和一头麝牛的照片（依然是动物标本），还拍了一些海湾照片。快到晚饭时间了，我今天觉得很饿，可能是因为北极寒冷多雨天气所致。

今天先写到这里吧，我在雷索卢特——抵达"火星"前的最后一个文明世界。

弗拉基米尔

2001年7月6日，星期五，倒数第2天

今天在北极地区度过了怪异的一天，窗外24小时的白昼令人心神不宁。我早上7：00醒来，一整天都没睡，心中暗暗地期待着晚上到来。当然在北极的夏天，夜幕永远不会降临。尽管手表上的时间已接近午夜，我感觉很累，但不想睡觉，因为外面跟下午一样明亮。所以我效仿当地人，在下午和晚上小睡一会儿然后起床，在白天或"晚上"的大部分时间醒着。

我和阿齐兹聊了会儿，他告诉我，当地人的生活节奏与太阳一致。也就是说，夏天人们多待在户外，时不时地小憩几分钟到数小时不等。而到了冬天，极夜让人们感到漫长的疲惫，通常每天要睡18个小时。这我可以理解，"早上"醒来看到一片漆黑夜色，然后潜意识认为太阳还未升起，不如继续睡觉。

今天天气和昨天一样"温暖"，气温在0℃（32°F）左右，天空多云，有较大西北风。白天还是不能飞往德文岛。但22：30进行了一次成功的尝试。一旦云层散开，有时需要在几分钟内迅速做出决

15

定。飞行员想方设法为已经到德文岛的那批人送去了一些补给，他原本计划在凌晨2：00飞回，但由于适航天气短暂，不得不放弃。因此，探索频道剩余的人员不得不在雷索卢特多待一天，百无聊赖地看电视或者上网。今天晚上他们突然接到一个电话，告知他们两地天气都很晴朗，于是在毫无预先通知的情况下便准备出发。我看到一名男子只穿着袜子，靴子拿在手中，还没来得及系上鞋带，就这样坐上吉普车前往机场。那么我和凯西明天能出发吗？明天就知道了。祖布林博士明天到，相信他的到来会帮助事情朝好的方向发展。

　　我今天做了些什么呢？做了不少事情。出门采购了一些东西，然后和乔一起开车去机场为几名加拿大皇家陆军送行，他们要赶中午的飞机。

与三名加拿大皇家陆军的合影

（图片来源：弗拉基米尔·普莱泽）

　　说来有趣，我们不过是机缘巧合滞留在同一个地方，几天时间大家便熟识了。当地人对治安相当自信，家家户户"夜不闭户，门不上锁"。阿齐兹还把车钥匙留给我们，随时可以用。不过，即便真有小偷，也无处可逃。

我们沿雷索卢特湾走了 2 个小时，在 0℃ 的气温下很暖和（毕竟现在是 7 月中旬）。但强风毫不客气，我觉得耳朵处于冻僵的边缘。不过现在还远没到冻到截肢的程度。

我们和凯西一起研究了地震实验程序，讨论了实验对火星探索和寻找水源的重要意义。

和凯西·奎因一起研究地震实验程序
（图片来源：弗拉基米尔·普莱泽）

具体的讨论过程暂且略去，假如人类要在火星上定居和生活，那么寻找到液态水绝对是当务之急。

我还了解了当地历史。下面简单介绍一下这里的历史和地理情况。北极圈位于北纬 67° 左右，雷索卢特位于北纬 75° 以南，与地理北极的纬度相差 15°，直线距离为 1700km 左右。

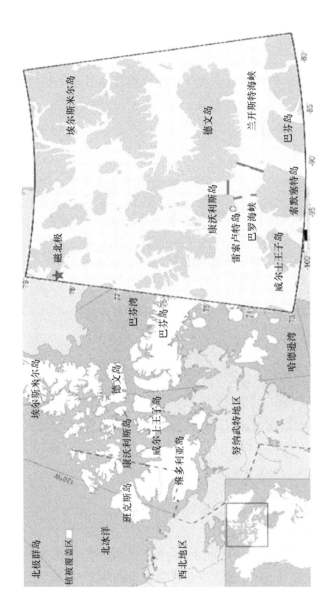

地图上雷索卢特与康沃利斯（Cornwallis）岛和德文岛的相对位置

[图片来源：左——加拿大自然博物馆（Canadian Museum of Nature）；

右——贝德福德海洋学研究所（Bedford Institute of Oceanography）]

一般来说，如果在地表上迷路，不知道身处哪个纬度，小时候在童子军活动中学到的技巧就可以派上用场了，只需抬头看星星，或者日落的方向（假设有日落），或者直接看指南针。现如今，得益于现代科技，人们可以轻松地辨别纬度。看看抛物面天线，它们大多朝向地球赤道面上方围绕地球同步轨道旋转的电视卫星或通信卫星。这些天线几乎呈水平方向放置，这就说明现在所处的位置距离极点不远。

乔的背后是几乎呈水平方向放置的抛物面天线

（图片来源：弗拉基米尔·普莱泽）

雷索卢特坐落在努纳武特地区的康沃利斯岛。在因纽特语中写作"Qausuittuq"，意指"太阳不升起的地方"。英国皇家海军曾派出坚毅（HMS Resolute）号帆船赴雷索卢特寻找于 19 世纪在探寻"通往亚洲西北航道"途中失踪的约翰·富兰克林（John Franklin）爵士舰队。雷索卢特的英文名"Resolute"由此得来。在因纽特语中，努纳武特地区意指"我们的土地"。该地区成立于 1999 年，其名称是为强调这里主要由印第安人和因纽特人组成的"第一民族"（First Nations）的重要。切记不可以称呼因纽特人为爱斯基摩人（Eskimo），这个词源自加拿大南部的阿尔衮琴语（Algonquian），意指"吃生肉的人"，有冒犯性。现在，你也和我一样对这个地方和这里友善的居民有了更多的了解。

今天欧洲空间研究与技术中心网络服务器暂时关闭，我们与"大本营"的唯一联系被切断了。所以无法上网查看电子邮件，也不知道什么时间或如何以其他途径发送这篇日记。不过请保持关注，接下来的几天一定能发出来。乔告诉我一个可以发送邮件的网站，但我仍无法查看自己的收件箱。

总而言之，大家士气昂扬，饭菜很热乎，行李都已打包收拾好，只待接到机场电话通知便可出发。尽管我迫不及待地想去德文岛，但也乐意在阿齐兹酒店无比舒适的床榻再多睡一晚。期待下一篇日记从德文岛的火星基地发回。祝大家好运，也祝贾斯汀·海宁（Justin Hennin）在明天温布尔登网球锦标赛决赛对阵维纳斯·威廉姆斯（Venus Williams）时斩获佳绩（没错！我们在北极也看电视新闻）。*Allez Belgique*（比利时加油！）。

弗拉基米尔

2001 年 7 月 7 日，星期六，倒数第 1 天之一

我们的出发之日终于有了眉目，今天看起来大有希望。在雷索卢特这个景色不错的地方兜兜转转了数次后，我们得到消息，航班恢复运行了，很快就会轮到我们。今天天气堪称完美，明媚和煦，温度仍在 0℃ 左右，但阳光直射时，感觉比 7 月的盛夏还要热［就像史提夫·汪达（Stevie Wonder）歌里唱的那样］。我再一次沿着海滩漫步，欣赏结冰的大海，甚至踩在冰面上行走。凯西、乔我们玩闹起来，比如假装给阿齐兹的那些动物标本喂食。

摄于阿齐兹酒店大堂的一只北极熊标本。
注意熊爪和我头部的高度，我是站着的！
（图片来源：弗拉基米尔·普莱泽）

　　我们打开计算机，处理了一些工作。科学家就是这样，是一群闲不住的人。火星学会主席，也是模拟团队的领队（乘组指挥官），祖布林博士终于在下午 15：30 到达，他看起来和往常一样神采奕奕、精力充沛。他马不停蹄地询问了解物流、航班和预订等问题。和他一起到来的是比尔·克兰西（Bill Clancey），一名认知科学研究人员。比尔和我们分在同一个班次，他长得人高马大，豪放俊逸，在专业研究领域也颇有建树，著作等身。

　　我们举行了第一次团队会议，主要讨论模拟实验。在出发之前，大家相互通过电子邮件联络，现在总算面对面聚在了一起。由于最近几周都没有好天气，火星栖息地最后的准备工作未能及时完工。两周前抵达的第一批队员至今仍被困在距离栖息地几公里之遥的大本营帐篷村。帕斯卡·李担任第一批的领队，他是美国国家航空航天局的法籍科学家，祖籍是中国香港，昨天刚刚进入栖息地。他们的模拟周期预计和我们一样是十天，但后来推迟了一周才开始。帕斯卡希望我们推迟两天开始模拟实验，这样他们至少能完成一部分科学项目。罗伯特已经为他们争取了两天时间，我们正在商量能否再给他们多一天的时间。经过一番讨论，我们评估了对实验的影响，最终折中让出半天。也就是说，我们将在 7 月 10 日星期二晚上 21：00 进入栖息地，取消 7 月 8 日星期日上午的原定计划。

凯西和罗伯特一起去雷索卢特当地的教堂
（图片来源：弗拉基米尔·普莱泽）

晚餐过后，我们去了一趟第一航空公司的办公室，查看预计从巴黎经渥太华运达的地球物理仪器。阿齐兹告诉我们他 16 岁的儿子在德文岛做向导，出了点事故，现在正在返程航班上。情况不太严重，只是脚踝被一辆 ATV［这里指"全地形车"，并不是国际空间站负责运送货物和物资的"自动转运器"（Automated Transfer Vehicle）］擦伤了。附近有很多这种车。与他同行的还有德国籍雷纳·艾芬豪泽（Rainer Efenhauser）博士和美国国家航空航天局约翰逊航天中心（Johnson Space Centre，JSC）派出的一名飞行外科医生（也是第一批模拟乘组成员）。记得之前穿过村子往回走的时候遇到了雷纳博士，他得知我在欧洲航天局工作，用德语和我打了招呼。

我们还得知，今晚的航班可能会在凌晨1：00起飞，不然就是凌晨4：00，但在这里时间的差别不大，因为每天24小时都是白昼。在北极没有"一天"的概念，时间不过是手表指针在转动，一天中并不存在特定的时刻。人睡觉是因为觉得自己需要睡觉了，而不是因为夜晚来临。

无论如何，在这里已经停留了这么多天，如果必须要赶凌晨的飞机，我情愿多睡几个小时。于是我上床睡觉了。刚睡着，科琳、罗伯特和乔敲门把我叫醒，说半小时后也就是凌晨1：30出发。时间刚好够收拾行李装车。是不是挺好笑？花了三天时间在这里无所事事，到最后一秒被紧急通知出发。但没关系，我们终于要去往德文岛了，我听到火星模拟基地在召唤。

弗拉基米尔

准备乘坐双水獭飞机前往德文岛

（图片来源：弗拉基米尔·普莱泽）

2001 年 7 月 8 日，星期日，倒数第 1 天之二

今天用一个词来形容就是"难以置信"。

我们小睡了一会儿，然后把行李、箱子、板条箱等物品一一装机，在今天凌晨 1：30 登机。凌晨 2：00 飞机起飞，外面依旧阳光明媚。终于解放啦！凯西、罗伯特、比尔和我即将飞往德文岛，这是一架旧的双水獭飞机，机上有十个座位，在机舱尾部设有货舱。

和祖布林博士一同乘坐双水獭飞机

（图片来源：弗拉基米尔·普莱泽）

航程只有短暂的 45 分钟，仿佛踏上了另一个星球。我们离开一座岛屿去往另一座岛屿，但眼见截然不同的地貌，这里荒无人烟、饱经风霜、毫无秩序可言，甚至显得更加遗世孤立。除了一些在地质裂缝间流动的液态水以外，所有的水都冻结了。四下里看不到绿色植被的影子，尽是岩石和冰雪之境。机舱内鸦雀无声，眼前的异域风光让大家为之震撼，并不盼着落地了。这时飞机准备下降，逐渐减速靠近地面。舱内显示屏提示"10 分钟后降落火星基地"。两名飞行员的这番操作让我们瞬间进入状态，他俩透过打开的驾驶舱门转头看向我们，指着地面的某处朝我们狡黠一笑。

栖息地就在眼前！就像一艘宇宙飞船降落在一个巨大的圆形结构外围的卵石滩上，这个圆坑就是古老的霍顿陨石坑。在这片贫瘠的不毛之地，地平线一望无际又空无一物。飞机在栖息地上方调整方向，略微倾斜机身，准备在土石铺就的跑道上降落。这时我们终于可以看到不远处的一些色彩，那里是由几十个帐篷搭建的大本营。

荒凉的德文岛，从左到右依次是食堂帐篷、岩层、栖息地和另外两个帐篷
（图片来源：弗拉基米尔·普莱泽）

飞机降落了，然后继续沿上坡跑道滑行，转了半圈后停稳。有十几个人前来迎接我们，其中有大本营负责人约翰·舒特（John Schutt），还有向导领队乔·阿马拉理科（Joe Amaralik），他从大本营坐全地形车过来，这是岛上唯一一种机动车。我们相互祝贺，彼此介绍相识。我们终于站在了这里。现在是凌晨 3∶00，天气很暖和，因为有大太阳高高悬在天空。飞机稍作停留，便要返程。我们卸下机上的所有行李、箱子、板条箱和集装箱，然后装上需要带回雷索卢特的物品。大家一起搭把手，只消儿分钟便完成了所有物品的装卸。在进

入大本营之前，我快速环顾了一下四周。这巧夺天工的火星地貌，真让人难以置信！由一颗2300万年前的巨大的陨石撞击形成的奇形怪状的粗粝岩石遍地皆是，感觉就像在火星漫步。而这片极具未来感的栖息地现在距离我只有数百米之遥！

德文岛，从左到右依次是双水獭飞机、岩层和栖息地
（图片来源：弗拉基米尔·普莱泽）

　　是时候行动起来了。全地形车和拖车已经把我们的行李快速运至大本营。我们翻越积雪覆盖的石坡，蹚过雪水融化汇聚的小溪，步行前往大本营。多亏有戈尔特斯（Gore-Tex）面料制成的靴子，鞋袜滴水未进。接着从另一侧爬上去，约翰·舒特正在那里等着我们，他告诉我们在哪里搭帐篷过夜。周遭的风景让我目不暇接，我不断望向地平线，环顾着四周，观察不同的石头和积雪。我现在的位置在一块大石头后面，从这里看不到栖息地。我从火星学会的官网上查阅了很多信息，而现在我亲自来到了这里。十天的时间会过得很快，我想尽可能地充分利用每一天。还是不敢相信我已经站在这里。

　　大本营由三个大帐篷组成，分别用作食堂、办公室和探索频道摄制组的工作室。稍远一点的地方还扎着另外两个帐篷，是简易的卫生间。用椅子制作的马桶下方附有塑料袋，使用过后会统一收集在大塑料袋中。假如帐篷的门前摆放一只红色的油桶，则表示有人在使用。外面还有两个带漏斗的空油桶供男士方便。早些时候，大家在露天的户外解决大小便问题。后来，美国国家航空航天局-HMP 的工作人员发现，在他们离开后的几年里，此前如厕使用过的地方竟长出了植被，这要"归功"于人类粪便中含有的硝酸盐。自那以后，美国国家航空航天局做出了一个明智的决定，将所有物品清理打包运回雷索卢特，以保护这座岛屿原始的旷野风貌完好无损。这也是飞机每次返回雷索卢特带回的一部分物品。

帐篷村里扎着单人或双人帐篷，露营位置巧妙地避开了溪流。现在是凌晨 4：00，我准备在北极扎起一个借来的帐篷。好在有团队成员互帮互助，轮流帮我扎帐篷。

帐篷村。在北极露营棒极了！

（图片来源：弗拉基米尔·普莱泽）

我又一次失眠了，于是决定独自一人在营地附近走走。这是个错误的决定，因为第二天我们被告知，要避免在营地外单独行动，因为可能会遇到北极熊。幸运的是，那天清晨安然无恙，我再一次被粗犷雄奇的旷野景致折服。身处这样一个与世隔绝的地方，太令人难以置信了！

我回到刚搭好的帐篷里，把数字照相机拍的照片传到笔记本计算机。我突然想到，假如有人在二十年甚至十年前告诉我，我将在2001年某一天凌晨4：00坐在一个杳无人迹、神似火星的北极岛屿上搭的一个帐篷里，在明亮的极昼阳光下，把照片传输到离线的笔记本计算机上。我会问他这是哪部科幻电影？没错，现实很快就超越了想象。

想了这么多问题让我感到有些累了，于是我把极限温度为-20℃的睡袋铺在一层薄薄的土上。条件有点差，但我见过更糟糕的情况。一切都非常顺利，天气甚至没那么冷。我心里想着载人火星探测任务的实现或许会比人们预想的要快，不久便睡着了。

潜意识告诉我7：30是早餐时间，我提前几分钟醒来。幸运的是还有手表，不然就不知道现在是什么时间了。天空中的太阳几乎没有移动。我走到食堂帐篷前，想着等到头脑更清醒、感觉更暖和一点的时候再去刷牙洗漱。食堂帐篷是岛上唯一供暖的地方，里面已经挤满了人。我看到几个熟悉的面孔，是探索频道的工作人员，几天前他们出发时我没来得及跟他们道别。帐篷里还有科学家、工程师和记者等人，大家都想暖暖身子。有人递给我一个盘子，里面有三个刚出炉的煎饼和一杯热茶。啊！一顿热乎的早餐能带给人简单纯粹的快乐。我向考察队的其他队员打招呼并自我介绍。这里有美国卡内基梅隆大学（Carnegie Mellon University）的一组工程师和科学家，他们要对太阳能漫游者机器人进行技术测试；几队来自美国和加拿大探索频道以及《大众科学》（Popular Science）杂志的记者，美国国家航空航天局肯尼迪航天中心（Kennedy Space Centre）的一组生物学家，美国国家航空航天局-HMP的地质学家和地球物理学家等。总共大约有40人、3只狗和一堆便携式笔记本计算机、照相机、收音机，以及猎枪。在

20 世纪 60 年代，牛仔乔斯·兰德尔（Jos Randall）掀起了一股短枪的风潮。我们简单讨论了几个实验问题，当天的陨石坑外出勘察任务，以及美国国家航空航天局-HMP 的地质学家考察。我很喜欢这样高效地利用早餐时间。

约翰·舒特把我们这批新来者带到一边，讲解营地的基本规则。比如不要独自外出，坚持团体行动，以及如何使用洗手间，还提到了淋浴很快就会安装好等。我们学会了使用手持式无线电收发两用机（"记住呼号是 HMP7SFU"），以及驾驶全地形车（和摩托车很像，只不过是四轮而不是两轮。我在非洲生活时有一辆摩托车，所以这对我来说不成问题）。

全地形车很好上手，是在荒漠环境中的必备品

（图片来源：弗拉基米尔·普莱泽）

最后，约翰教大家如何使用猎枪，并说明了原因。没错，从心理上的确很难接受，我并不喜欢枪械，但听了原因之后，不得不承认要有备无患。在冰冻的海面上，北极熊可以从一座岛信步去往另一座岛，而我们实际上是未经允许的外来客。熊在饥饿的时候会外出捕猎，对熊来说，人就是嘴边的猎物。当熊发起进攻时，能以 20m/s 或 70km/h 的平均速度冲过来（想象一下，百米世界纪录接近 10s，

也不过是 36km/h）。所以不要抱有逃跑的幻想！除此之外，熊很聪明，嗅觉也很发达。假如它从远处嗅到人的气味，并不会直接扑过来，而是在人身后很远的地方一路悄悄尾随。等到人迎风行走时，这时熊会认为人无法闻到它的气味（说得好像人有和熊一样发达的嗅觉），便会伺机从岩石后面向人扑去。并且，北极熊身形硕大，站立时可达 2.5m 以上，体重超过 500kg。熊爪更是令人闻风丧胆，挥爪一刨，人的一只手，一只胳膊，甚至一条腿便保不住。要是运气不好遇到熊，最好的办法是脱下一件衣服丢过去。这和冷热没有关系，而是为了瞬间转移注意力，从而有机会抓起猎枪。所以，如果我们需要外出考察或离开营地，团队至少要携带一支猎枪。而且，不能使用香水或含香精的须后水，也不要留下任何食物或有味道的物品，以免散发气味。约翰教我们如何上膛、瞄准和射击纸板箱（好在是纸板箱）。实不相瞒，我不太喜欢这种感觉。尽管我愿意学习如何使用枪，但我依然认为没有枪支的话，世界会变得更安全。当然我所在的这种荒野生境除外，因为人在这里处于食物链的另一端。

约翰·舒特教大家如何使用猎枪

（图片来源：弗拉基米尔·普莱泽）

无论如何，即使是出于自卫，也要尽最大努力避免射杀野熊，否则会受到努纳武特地区法律的严厉惩罚。要谨慎行事，警惕风吹草动。我再也不会像昨晚睡前那样一个人出去散步了。

一整个上午的学习结束了。正午时分准时供应午餐，来的人很多。尽管天气晴朗，但相当寒冷，热量流失得很快。午餐供应米饭，可以搭配鸡肉白酱或墨西哥辣味牛肉酱，当然都是罐头。未来几天大家都离不开这些罐头了，但味道很可口，吃起来也很热乎。

午餐时的食堂帐篷，德文岛上唯一供暖的地方
（图片来源：弗拉基米尔·普莱泽）

下午变天了，多云，伴有风。由于我们主要活动在帐篷内外，因此需要多穿一件套头衫，总共穿六层才行。这六层分别是 T 恤、卷领套头衫，再加上两件套头衫，以及无袖夹克、厚夹克和一顶帽子。下装则是一条长裤、一条慢跑裤，最外面套一条厚裤子。脚上是一双薄袜子套一双厚袜子，再穿上戈尔特斯（GORE-TEX）面料的靴子。以上就是我们的日常穿着。

今天下午晚些时候，我们和凯西一起开箱检查用于地球物理实验的仪器设备。在星期二晚上进入栖息地之前，我们会进行一次演练，时间可能就定在明天。

检查地球物理实验设备

（图片来源：弗拉基米尔·普莱泽）

今天就到此为止吧，真是心潮澎湃又收获满满的一天。

此致，距离成为火星人更近一步。

弗拉基米尔

2001 年 7 月 9 日，星期一，倒数第 1 天之三

今天是在德文岛工作的第二天。早上气温回升，达到了零上 2℃，但由于下雨的缘故，还没那么"热"。我早上醒得很早，断断续续地睡了 6 个多小时，中途每隔一两个小时醒来一次。为什么呢？首先，睡在单人帐篷的睡袋里，身下铺着地垫，再往下是石头，并不舒服。其次，我发现在寒冷的环境下，人们上洗手间的次数会更加频繁。所以总是陷入两难境地，要么坚持待在温暖的睡袋里，要么穿好衣服，冒着风雨步行 200m 到外面的洗手间。好在我们准备了塑料瓶来应对不时之需，不过很快就装满了。我早起还有一个原因，那就是今天要"洗澡"。没错，星期一早上，是时候用湿巾擦洗一下了。在这个小帐篷里勉强脱下几层衣服（我们是穿着几层衣服睡觉），用湿巾（有些结了冰）艰难地擦拭身体，然后趁热赶紧穿上衣服，实在是件"乐事"啊。记得上一次淋浴大约在两天前，虽然天气很冷，但在工作时或待在帐篷里或多或少会出汗。大家逐渐适应了，我也开始理解为什么居住在远北地区的人把皮脂层或汗液作为天然的御寒保护层。现在我也打算去河边刷牙。嗬！外面很冷，需要有坚强的意志。你不妨也在家试试，拿一些冰等它融化了，用冰水刷牙。早上好，开启新一天！

　　在前往火星基地的途中，我并非只记录这些琐碎的日常，但这些也是乘组人员必须面对的事情，哪怕我们现在在北极露营。

　　说到露营，目前还没有看到熊。也许是因为那个特别的幸运标志牌，上面写着"我的肉不好吃，我身上只有钛合金骨头"。这是欧洲空间研究与技术中心同事塔米·埃里克森（Tammy Erickson）的"作品"。我相信，只要有识字的聪明熊，看到后准会自觉地离开。

同事塔米·埃里克森做的禁止熊入内标志牌

（图片来源：弗拉基米尔·普莱泽）

第一批乘组人员仍在栖息地内，昨天下午他们进行了第一次舱外活动（EVA）。今天早上雨下得很大，原计划早上的活动推迟到下午。在他们进行模拟实验时，栖息地附近仍在施工。有人在栖息地和几百米长的溪流之间铺设管道，还请我们帮忙。我和凯西·奎因、比尔·克兰西、约翰·舒特一起，花了2个小时的时间，为火星栖息地铺设了600m长的塑料管道，完工后没有耽误午餐。中午品尝了一道美味的因纽特炖菜，叫作"Anaq"，里面有牛肉、蔬菜和一些我不太喜欢的配菜。

食堂帐篷里的欧洲航天局旗帜

（图片来源：弗拉基米尔·普莱泽）

午后放晴，太阳升起，天空中的乌云渐渐散去。总是写天气，难道没有其他事情可以记录吗？在北极，天气实际上是影响行为决策的首要因素之一。比方说，我们昨晚检查完实验设备后，计划今天去大本营前方的冯·布劳恩平原（Von Braun planitia）进行演练。但今天早上下雨的时候，就没有必要探测地表水，因为地面不可能是干的。而且第一支模拟团队的舱外活动需要用全地形车，但同时我们也需要用车来运输重达 130kg 的设备。所以我们打算明天演练。再举个例子，比尔通过加拿大气象站，下载了本地的卫星图像，得出天气预报。根据预报，明天早上附近将迎来一道来自北极的冷锋，届时气温将降到零下。那么今晚睡前和明天外出工作时都需要穿厚一些。

下面分享几个科学术语。昨天晚上，来自加拿大新不伦瑞克大学（University of New Brunswick）的戈登·奥辛斯基（Gordon Osinski）博士（熟悉的朋友叫他 Oz）在食堂帐篷里举办了一场别有趣味的研讨会，主题是"陨石坑"。鉴于我们所在的地方正是 2300 万年前由一颗陨石撞击形成的霍顿陨石坑的外缘，讨论这个话题再适宜不过。今天晚上，凯西·奎因将给大家做一份论文报告，主题是"利用 ICESat 卫星从太空观测冰盖地形的变化"。我们的北极研究营无疑是最适合探讨此类话题的地方。

营地里大约有 40 人，大多是参与空间生命和火星研究的科学家。今天上午，一位美国科学家要求我们不要清洁或打扫三个主帐篷的地板，因为他打算明天收集上周积累的灰尘样本，与一周前做对比，目的是评估人类在新环境中带来的微生物污染。他特别强调，不会对单人帐篷进行样本对比。即使经常下雨，这里的环境也满是灰尘。水分蒸发后，灰尘就会附着在衣服、仪器设备、计算机和帐篷表面。

再来聊聊我们这第二个模拟乘组，明天我们一行六人将进入栖息地。模拟团队的领队是祖布林博士，他是一名工程师，也是火星学会的创始人，非常热衷于载人火星探测任务。查尔斯·科克尔（Charles Cockell）博士，是来自英国南极考察队（British Antarctic Survey）的一名生物学家，也是第一批模拟团队的成员，他将继续留在第二批团队。史蒂夫·布拉汉姆（Steve Braham），是来自加拿大温哥华西蒙弗雷泽大学（Simon Fraser University）的物理学家和通信专家，也将继续留在第二批模拟团队。此外，还有比尔·克兰西，美国国家航空航天局艾姆斯研究中心的计算机科学家；凯西·奎因，美国波士顿麻省理工学院的地质学家。按计划我们将在明晚 21：00 进入栖息地，我已经迫不及待。几名美国心理学家发来了一封电子邮件，希望我们在模拟实验过程中填写一份调查问卷，目的是评估在大本营和栖息地生活和工作中的一些人为因素。我们也有机会成为实验对象"小白鼠"，并且该实验已经开始，我同样期待以实验者的身份开始科研工作。明天进入火星栖息地后，我将全力以赴。

弗拉基米尔

2001 年 7 月 10 日，星期二，第 0 天

今天是繁忙的一天。昨天的天气预报很准，气温很低，但我们幸运地躲过了南下的雪花。此刻蓝天白云，阳光明媚，温度为+3℃。早上我鼓起勇气，决定去小河的下游洗把脸。嗯！迎着北极清晨凛冽的风，掬一捧新鲜冰冷的河水洗脸，顿时感到神清气爽。早餐过后，我们和第二批乘组人员一起开会，商讨接下来几周时间需要带入栖息地的餐食。主要是不易腐烂的干货和罐装食品，而不是沙拉、水果和新鲜蔬菜。我想在很长一段时间里，火星考察队也会这么做。

我请帕特里夏·加纳（Patricia Garner）帮我重新连接欧洲空间研究与技术中心的主机网站。帕特里夏是温哥华西蒙弗雷泽大学一名年轻的英国女工程师，也是冰球运动员。但不走运的是，因为卫星连接迟缓，今天早上所有网络都是离线状态。更糟糕的是，我的笔记本计算机系统崩溃了。为什么会这样？这是个谜。其实，已经有人事先告知我们，这里环境灰尘多、温度低，不宜使用计算机。现在我只能退而求其次，在安全模式下启动 Windows 系统。回想几年前，遇见这种情况，我只能听着麦景图（McIntosh）音响不断传出计算机错误提示音，但现在，好吧，还是会有提示音。凯西主动把她的笔记本计算机借给我传文件，然后连接卫星网络从大本营向外发邮件。

今天的天气变化不大，我们打算演练一遍地球物理实验。我、凯西·奎因和祖布林博士，一起把重达 130kg 的三只箱子放到一辆靠全地形车牵引的拖车上，然后离开大本营去往海恩斯山脊（Haynes Ridge），那是栖息地前方的一片平原。栖息地坐落在霍顿陨石坑的外缘，从这里可以看到 2300 万年前陨石撞击后留下的陨石坑，以及坑内散布的浅灰色角砾岩，场面相当震撼。陨石坑是一个复杂的环形构造，内有几个圆坑，最大的直径约为 20km。从栖息地看到的那个居中的圆坑直径约为 2km。景色无比壮观，仿佛世界的尽头。遍地皆是尖锐的岩石，颜色从褐色到深灰色不一而足，覆盖着斑驳的皑皑白雪。

从栖息地附近的山脊上瞭望霍顿陨石坑
（图片来源：弗拉基米尔·普莱泽）

开着全地形车穿梭本就是一场冒险。为了尽可能地保护当地的原始风貌不受破坏，我们尽量只沿着标记的几条小路行驶。这些羊肠小道在岩石间曲折蜿蜒，穿过小河和成片的永久性积雪。在回来的路上，第二辆全地形车陷入了雪中，几乎要翻到河里。

我们开始着手演练地球物理实验。实际上比预期的时间长很多，一套下来大约需要两个半小时，而不是计划的一个半小时。虽然大家还没换上舱外航天服，但当刺骨的寒风刮过这片寸草不生的荒原，每个人都自觉地戴上了手套，并做好耳朵和头部保暖。最终，大家成功地把 24 个传感器垂直放置在陨石坑的外缘，并用手锤进行了地震测试，目的是评估各项功能是否正常。实践证明，巴黎地球物理学院（IPGP）出借的仪器各项功能堪称完美，我们得到了陨石坑外缘地下结构的初步测量结果。

和凯西·奎因一起向全地形车装载地球物理实验仪器
（图片来源：弗拉基米尔·普莱泽）

进行地球物理实验演练，身后不远处是栖息地
（图片来源：弗拉基米尔·普莱泽）

　　我现在感觉轻松多了，实验前期准备工作的确很重要。感谢巴黎地球物理学院的菲利普博士和米歇尔·迪亚门在出发前一个月在加尔希地球物理中心为我做的实地培训。根据初步分析，距离陨石坑外缘

最近和最远两点之间的地面结构可能不对称，很可能是由于靠近陨石坑一侧的结构受到的压力更大。第一次演练圆满完成，希望这是个好兆头，下周在栖息地进行的舱外活动实验也会很顺利。今天大部分时间都在演练，下午主要为进入栖息地以及两个乘组之间的交接工作做准备。

预计 21：00 进行模拟团队的交接。我们已经把各自单人帐篷里的行李收拾妥当，期待今晚在太空飞船里睡上一觉。

晚上天气寒冷多云，伴有雾，空气很潮湿，大家都在绒衣外套上了一件夹克。

下一篇日记将从火星栖息地发回。我已经做好了心理准备，即将开启一周与世隔绝的生活（除了收发电子邮件），期待着"着陆火星"之旅。

弗拉基米尔

2001 年 7 月 11 日，星期三，第 1 天

火星栖息第 1 天，感觉棒极了！

我们睡在温暖的太空舱里，和北极帐篷相比简直是天壤之别！

先给大家介绍一下这个新住处。我们的栖息地是一个直径为 8m、高为 6m 的两层圆柱体结构。

栖息地屋顶插着火星旗，左边是两台全地形车

（图片来源：弗拉基米尔·普莱泽）

一楼有两个气闸舱入口，真实模拟空气的减压和再加压过程；一间大的实验室，用于实验准备工作和仪器存放；一间带盥洗池和淋浴的小洗手间，配有一个焚烧式马桶。

栖息地一楼
左——舱外活动准备间，航天服悬挂井然有序
右——实验室里尚未开箱的地球物理实验设备
（图片来源：FMARS-2 研究站人员）

沿靠墙的梯子可以上到二楼，电子设备办公区紧挨着圆形墙壁，所有的计算机、无线电台等电子设备都在这里。中间的桌子兼备餐桌、工作台、会议桌的功能，墙角有个小厨房和 6 个带门的小卧室。每间卧室里有可供站立的狭小空间，相邻两个房间中间折曲的侧墙凹进去形成凹室。凹室依次布置在各个房间顶部和底部。

栖息地二楼
左——客厅，中央的桌子和贴墙布置的弧形桌子，以及所有的计算机和电子设备
右——一间卧室，顶部的凹室用来放置睡袋
（图片来源：FMARS-2 研究站人员）

　　狭小的凹室只够展开睡袋。办公区有三扇圆形窗户，可以眺望到远处的霍顿陨石坑、中段的海恩斯山脊，以及小河的下游。

从栖息地的圆窗眺望霍顿陨石坑
（图片来源：FMARS-2 研究站人员）

　　这里的一切还是崭新的，上一批工作人员临走时进行了打扫、修缮了管道，并装饰了一番。今天早上，我们全体人员花了 2 个小时对下周的"新家"进行了大扫除。

　　在早上的简报会上，我们为下周的集体生活制定了几条规则。大家商定每天由一个人负责做饭和打扫卫生。为了达到更加贴近实际的模拟实验效果，栖息地单次接待的访客不超过两人。探索频道是本次实验的主要赞助商，根据合同他们有权派一名摄影师进行全天候跟拍（当然是在尊重个人隐私的基础上拍摄）。摄影师鲍勃（Bob）和我们同住了几晚，他睡在六间卧室顶部狭小的阁楼里。他负责拍摄记录我们的生活，无论是吃早餐还是刷牙洗漱。一开始不太适应，但大家很快就习惯了，不久后他完成工作便离开了。

第一次简报会。从左到右依次是比尔·克兰西、查尔斯·科克尔、
弗拉基米尔·普莱泽，以及祖布林博士

（图片来源：FMARS-2 研究站人员）

探索频道摄制组记录我们在栖息地的第一次简报会

（图片来源：FMARS-2 研究站人员）

今天下午将进行第一次舱外活动，舱外活动指挥官祖布林博士、凯西·奎因和我将一起出舱。计划在栖息地前方进行2个小时的舱外步行活动，以搜集具有生物学意义的化石等样本。其他乘组人员将为舱外活动提供支持：比尔·克兰西负责记录穿脱航天服的技术参数以及监测交流活动；史蒂夫·布拉汉姆负责追踪无线电通信；微生物学家查尔斯·科克尔负责指导岩石和样本的收集工作。

大家快速吃罢我准备的午餐（第一天我值班），13：30准备穿航天服。尽管没有加压，但其实与真正的航天服不相上下。这套航天服由重型材料制成，胸前有一个口袋，腿部另有两个口袋。里面是厚实的保暖衣（毕竟是在北极地区），背后有拉链。背包重约15kg，内置模拟的生命保障系统。该系统有供水箱，可通过连接头盔的管子和接口管喝水。头盔处有两根管子用于空气循环，而风扇则是由电池供电。头盔的视野将近180°。必须先戴上头盔，再与航天服和背包固定连接。此外还有靴子和手套。肩上各有一个徽章：一个

按要求穿舱外航天服
（图片来源：FMARS-2研究站人员）

是火星学会设计的蓝绿红条纹火星旗（你不妨猜猜设计构思）；另一个是火星学会的标志。每个人的姓名标志用魔术贴固定在航天服胸前的口袋上。

我们3个人花了将近1.5个小时才穿好航天服。算是第一次表现比较好的类型，起码超越了前一批乘组人员，他们4个人花了3个小时才穿好。一旦出舱，就算忘记带某样东西，也不能返回舱内。模拟实验必须尽可能贴近现实。对了！我差点忘了一件重要的事，舱外活动期间不能上洗手间，必须提前做好准备。

我们3个人进入了气闸舱，空间有点紧凑，但刚好能容身。需要等待5分钟的模拟减压，以达到舱内外压力平衡。15：00一到，舱门准时开启，迎面看到的是举着相机的老朋友鲍勃。我们前脚刚踏出舱门，就发现无线电通信功能有异常。语音激活（VOX）系统出了点问题，只有讲话声音足够大，才可以实现单向通信。但这种模式会加大电池耗电量，加上在北极寒冷潮湿的环境中充电效果不佳。我们用手势交流一番，决定按原计划进行，因为无论如何，大家都只在栖息地周围活动。接着开始收集岩石和化石样本，我们见到的所有岩石都可以追溯到古生代，也就是3亿~4亿年之前。有些是珊瑚或贝壳化石，也都是几亿年前海底潮间带留下的遗迹。还有一些样本是拜陨石撞击所赐的，其中一部分被灰绿色的泡沫层覆盖。后来生物学家查尔斯告诉我们，这些是蓝绿藻，学名叫作粘球藻（Gloeocapsa sp.）。

舱外活动在雨中持续了不到2个小时，是个体力活，因为笨重的航天服让行动非常不便。我们用一把长铲子和金属抓来收集样本，这样身体不需要过度前倾。由于下雨和寒冷的缘故，头盔里出现了冷凝水，加上雨滴落在头盔外面，视线变得模糊不清。更糟糕的是，我发现每次身体前倾时，水都会从头盔的饮水管里溢出来，然后流进航天服让内部更潮湿。

和凯西·奎因在舱外收集样本

（图片来源：FMARS-2 研究站人员）

我们按照和出舱相反的程序返回了气闸舱，把样本交给队里的生物学家，他立即开始分析。我从舱外活动收获了很多乐趣和启发，但很开心终于脱下了头盔和航天服。在舱外活动总结会上，我们一致认为舱外活动的野外工作要比正常的多耗时一倍以上。

我指着一块化石，后面是祖布林博士

（图片来源：FMARS-2 研究站人员）

然后我准备了晚餐，有橄榄油凉拌金枪鱼、热的米饭和青豆，甜点是糖浆风味的梨和杏。罐头餐还不错！

明天依旧是任务繁忙的一天，因为还有两个舱外活动计划。早上是舱外驾车活动，去考察距离栖息地稍远一点的地形。下午我们要去栖息地前面的海恩斯山脊进行地球物理实验。

凯西又把她的计算机借给我发送报告（我的笔记本计算机依然只能进入安全模式）。今天在火星栖息地度过了激动人心的第一天，期待明天的野外考察。

弗拉基米尔

2001 年 7 月 12 日，星期四，第 2 天

火星栖息第 2 天，既充实又愉快！

《大众科学》杂志的记者弗兰克·维扎德（Frank Vizard）昨晚受邀来到栖息地，今天参观我们的日常工作。我们 3 人进行了 4 个小时的舱外活动，一起开展了法国-比利时地球物理实验。实验的目的是评估借助人造地震来探测火星地下水的可行性。很长时间以来，科学家对火星上是否存在水争论不休，这个问题一直未能得到解决。由于火星上的大气压强低（等于 7~8mbar，为地球的 1/125），所以地表无法存在液态水。当环境气压降低，水就会沸腾，并在更低的温度下蒸发。水能够以冰的形式存在于火星表面，就像地球的极地冰盖一样。假设在地下发现了液态水，它们可能被困在岩石里暗湖中。如果是这种情况（很可能是这样），那么就需要定位这些水坑，原因有两点。首先，登陆火星的乘组人员可以尝试挖掘小坑里的水，供人使用（饮用、洗涤、烹饪等）或将其分解［H_2O 水分子由一个氧原子（O）和两个氢原子（H）构成］，可以产生氢气（用作燃料）和氧气（用作助燃气体或供人类呼吸）。其次，假如火星上有生命，那一

⊖ 2002 年春，火星奥德赛号（Mars Odyssey）探测器发现了火星地表下疑似存在水冰的间接证据，随后欧洲航天局在执行火星快车（Mars Express）任务时通过雷达探测证实了这一发现。

定不是"小绿人"，而是更有可能以细菌的形式存在。地球上细菌无处不在，它们可谓是上天入地无所不在，在深达数千米承受着几百倍大气压的海底，在炙热的火山岩浆中，在极寒的冰里，在海拔 70km以上高度的恶劣环境等都有它们的身影。细菌可以在极端条件下存活，即使没有空气也没有水。而在火星上找到水，就意味着离发现生命更近一步。

此次地球物理实验由巴黎地球物理学院（IPGP）、比利时皇家天文台的科学家和我一同提议并合作完成。实验包括将一条由 24 个传感器组成的线路（地震检波器）部署固定在地面上，并连接到数据电缆（凹槽）。电缆与采集系统连接（一种野外计算机系统）。用手锤敲击放置在触发检波器附近地面上的金属板从而产生小地震。产生的冲击波在地面上朝各个方向传播，然后在不同类型的地下物质间的界面层反射和折射。从界面层返回的信号及其他所有信号均由传感器检测，再由检波器凹槽传导，然后记录在采集系统中供日后分析。通过数据的演算解析，可以推断出平均传播速度、界面的几何形状和深度，以及地下物质的类型。这实际上与地球物理学家探测地下油藏采用的方法相同。在执行载人火星探测任务期间，地震折射法可用于探测火星上是否存在地下水坑。共同提议这项实验的巴黎和布鲁塞尔的科学家曾参与过 2007 年法美 NetLander 火星登陆器任务计划的自动实验。⊖

我们此次模拟实验的目的不是测试这个方法（因为其已经证实有效），也不是在霍顿陨石坑附近寻找地下水。而是评估在极端环境中，身着笨重的舱外航天服，装备齐全的背包、靴子和手套，能否进行此类舱外实地考察。无论如何，我们成功了。尽管筋疲力尽，但证明了这是一条可行之路。

每天依照惯例开简报会，把当天的所有任务分工明确。我们抓紧时间多吃几口能量棒，因为可能顾不上吃午餐。大约 10：30，参加

⊖　遗憾的是，2003 年 NetLander 火星登陆器任务因预算问题取消。

舱外活动的 4 人（祖布林博士、凯西·奎因、弗兰克·维扎德，还有我）开始做准备。弗兰克观察我们的现场操作，之后回房间了。查尔斯·科克尔、比尔·克兰西和史蒂夫·布拉汉姆留在栖息地监控通信，为舱外活动提供支持。比尔仔细观察了现场操作，以研究舱外活动期间的人为因素。

11：15，我们出气闸舱，把设备箱装上靠全地形车牵引的拖车，然后去两天前演练的地方。大家身着笨重的舱外航天服，花了很长时间才把检波器凹槽铺设妥当。

从全地形车上卸下地球物理实验设备并进行安装
（图片来源：FMARS-2 研究站人员）

我的头盔里蒙上了很浓的一层水雾，根本没办法用鼻子、耳朵或头部来蹭掉。所以我只能从管子里吸水，然后把水吐到头盔内表面，身体前倾来洗去镜面的水气。尽管不太卫生，但不得不说这方法很管用。后来开始下雨，刮西风。中途还经历了一些小插曲。比如，采集系统运行设置测试时，屏幕无法调至可见亮度。原本在实验室或办公室里手到擒来的事情，却因戴上厚厚的手套（很像滑雪手套）、置身于寒冷的雨天里、隔着有水雾的头盔，而变得难以操作。这里不得不再多说两句，戴着手套去触控键盘上的按键是想都不要想的，所以我得借助其他工具，用一把小的螺钉旋具（俗称螺丝刀）来按下按键。折腾了很长时间，最终完成了实验。我们一共进行了三轮测试，每次需要用手锤击打十次，在检波器凹槽的中段和两端产生了小地震。麻省理工学院的地球物理学家凯西·奎因"深谙"击锤的艺术，每次都巧妙地避开了触发检波器。

进行地球物理实验。从右到左依次是，凯西·奎因击锤，祖布林博士
在旁监督，弗拉基米尔·普莱泽检查数据采集单元
（图片来源：FMARS-2 研究站工作人员）

成功完成测试后，是时候收拾行李了，长达 100m 的电缆要避免打结和缠绕。我们回到火星栖息地，因全身被雨淋湿加上汗流浃背，整个人瑟瑟发抖，但第一次实验圆满收官。舱外活动持续了 4 个小时，而穿脱航天服却耗时 5 个多小时。尽管筋疲力尽，却乐在其中。我迫不及待地想要参加下一次舱外活动，那应该是在这个星期六。

栖息地的生活出现了一个小插曲。今天早上我们醒来时，闻到一股奇怪的味道。发现是洗手间的焚烧式马桶昨夜出故障外溢了。后来有人（很幸运不是我）承担起这项苦差事，清理打扫并修理管道。

我又讲了一件看似微不足道的琐事，但在人类探索过程中这些琐事却不容忽视。无论走到哪里，人类都免不了要应对日常问题，甚至是最不愉快的事情。即便是火星宇宙飞船上的航天员，也一样要处理这些问题。在极地和火星上，哪里会有管道工招之即来，所以必须亲力亲为。我们甚至本可以中断模拟实验离开栖息地，等待其他人来做清洁维修工作。但是并没有，我们决定留下来，遵守规则继续实验。所有人都身着舱外航天服出舱，我们没有呼叫外部援助，独立承担起了所有。对于初次参与载人火星探测任务的候选人来说，自己动手（DIY）的能力至关重要。

一整天大部分时间都在忙于舱外活动，其余时间用来撰写科研报告、记日记，以及配合探索频道弗兰克·维扎德的采访工作。今天的晚餐由英国厨师史蒂夫·布拉汉姆准备，他厨艺很好，做了蒸粗麦粉配蔬菜、鸡肉白酱意大利面。人在饿的时候，吃什么都是美味。天气很糟糕，狂风暴雨，预计今晚和明天都会下雪。但在极北之地的火星基地，每个人都士气高涨。

来自火星的友好问候。

弗拉基米尔

附言

告诉大家昨天提到的火星旗颜色的寓意。蓝色代表地球，人类的摇篮；红色代表火星；绿色寓意完成火星地球化之后呈现的颜色，红色的火星改头换面成为绿洲。火星旗的设计也是向金·斯坦利·罗宾森（Kim Stanley Robinson）的火星三部曲《红火星》（*Red Mars*）、《绿火星》（*Green Mars*）和《蓝火星》（*Blue Mars*）致敬，推荐大家拜读。

弗拉基米尔

2001 年 7 月 13 日，星期五，第 3 天

火星栖息地第 3 天，既静谧又闲适！

一整天都是雨夹雪，北极天气令人无可奈何，根本无法出门，不得不窝在屋内。本来我们打算到简易机场旁的气象站进行一次短暂的舱外活动，更换一些电子元件。奈何雨越下越大、河流水位上涨，这个计划只得推迟，待天气好转时再开展。我们打扫了屋子，我也拍了一些栖息地照片，以更好地记录被困在栖息地的 6 位乘组成员日常的生活方式。

栖息地二层

左——客厅厨房一角和卧室

右——组员在工作交流

（图片来源：FMARS-2 研究站人员）

两位组员史蒂文和查尔斯今天洗了澡，创下了栖息地记录，他们是今天的幸运儿。作为一项人为因素实验，其目的之一为评估 6 位组员的整体用水消耗。这要求我们节约用水，仅在必要情况下使用水资源。虽然对直接饮用水及烹饪用水不设任何限制，但我们需谨慎应对其他用水情况。除了每天早晨大约用一杯水洗漱，基本再没有其他用水情况了。其余组员淋浴要安排在其他时间。同样，要用海军淋浴法冷水（可理解为融化的冰水或雪水）洗澡，打开水龙头，迅速打湿身体，关掉水龙头，抹上肥皂，再打开水龙头，冲掉肥皂沫，结束。我们每个很快就适应、接受了现状：持续的白昼，偶尔才能洗浴，缺少新鲜食物，空间受限，6 个人一起生活。值得庆幸的是，大家相处得很愉快，没有发生任何冲突。

早上我一直在查看昨天进行的地球物理实验运行结果，用凯西的笔记本计算机以电子邮件形式将数据传送给布鲁塞尔和巴黎的同事。

虽然没有在霍顿陨石坑下发现水源，数据看起来还是十分有意思的。

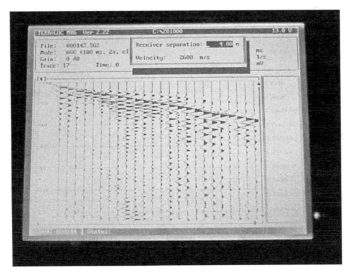

用于地球物理学实验的野外计算机显示的 Terralog 图像
（图片来源：弗拉基米尔·普莱泽）

　　下午用来阅读及撰写报告。罗伯特·祖布林提议玩火星人棋，这是一款结合了普通象棋、卡牌及摇骰子的游戏。我们还没试过这款游戏，但我与罗伯特下象棋常常吃败仗。虽然我象棋玩得不好，是个菜鸟，但要玩起火星人棋我未必会输。

　　晨会上，指挥官祖布林考虑到乘组成员过去三天的综合表现，奖励我们今晚看 DVD 作为消遣。乘组选择观看西尔维斯特·史泰龙（Sylvester Stallone）主演的电影《绝岭雄风》（*Vertical Limit*）。我可不想错过电影开头，但会议准备我也要做好，所以我简短记录如下：尽管天公不作美，但我们仍保持了绅士风度，盼望明天能够开展舱外活动。

弗拉基米尔

2001 年 7 月 14 日，星期六，第 4 天

火星栖息地第 4 天。

昨天天气不佳我们渡过了悠闲安静的一天。我们决定举行社交家

庭晚会。我们首先讨论了马桶使用涉及的安全、卫生问题。马桶使用状况频发，我们还未修好它。我们决定采取一些应对措施。这种焚化马桶并非是为6个人一同使用而设计的，由于液体产量太大，无法由焚烧系统处理。我们建造了一个连接空燃桶的小便器，这样每个人可以使用瓶子……你应该明白我的意思，这样应该可以奏效。下一步要处理焚化马桶纸袋问题。我们通常使用湿巾纸制作的纸袋，用以焚烧固体废物。但这种特制纸袋很快就要用光了。我们不得不使用普通纸袋，可能带来火灾隐患。但后者也可以接受。我们可不能因为一点管道和马桶问题就停止对火星的探索。但这一问题对日常生活来说也十分重要。我开始认为最早发明公共小便池和后来发明下水道系统的罗马工程师是全人类的恩人。但也让人不禁发问，科学必须经过哪些曲折方式才能取得进步？

令人不适的话题终于结束了，我们开始观看《绝岭雄风》用以消遣。虽然接近午夜，外面仍有光亮，这让电影在圆形墙上的投影显得十分奇怪。

在栖息地观看 DVD

（图片来源：FMARS-2 研究站人员）

　　我带来了一盒比利时巧克力。当下的情景享受比利时巧克力最合适不过，它不愧为全世界最棒的巧克力。在北极地区一边看电影，一边吃着巧克力，气氛十分舒适惬意。

　　今天是忙碌的一天。上午我们开展了第 3 次舱外活动。原本预计9：30 开始，由于栖息地电力及舱外活动无线电短缺问题，活动推迟了近 2 个小时才启动。

　　我们使用汽油发电机发电，需定期补充燃料。栖息地及模拟技术工程师史蒂文负责照料发电机，它时不时会罢工。过载和熔断器（俗称保险丝）问题最终一一解决。

　　此次舱外活动由四人开展。生物学家查尔斯·科克尔是舱外活动指挥官，比尔·克兰西、凯西·奎因和我是乘组成员。我们使用 4 辆全地形车，因纽特猎熊人乔·阿马拉理科一同前往，他带了猎枪以防遇到一些当地野生生物。

舱外活动准备，因准备间的空间有限，我们轮流穿戴设备

上——我在帮比尔·克兰西穿戴防护服

下——卧室检查无线电通信

（图片来源：FMARS-2 研究站人员）

凯西·奎因、弗拉基米尔·普莱泽握手，祝愿舱外活动一切顺利
（图片来源：FMARS-2 研究站人员）

此次舱外活动目标为部署宇宙辐射剂量计，以及收集霍顿陨石坑内微生物样本。我们在坑内进行探索，本以为行进会受到淤泥影响，结果一路顺利，成功到达了目的地角砾岩山（Breccia Hill）附近的三一湖（Trinity Lake）。剂量计部署十分成功，一些埋入角砾岩 30cm 深的地下，一些放置在了地表，一些安置在湖泊附近，还有一些放置在湖下 30 cm 深的区域。

查尔斯·科克尔、弗拉基米尔·普莱泽正在坑内角砾岩下部署剂量计
（图片来源：FMARS-2 研究站人员）

火星磁场非常弱，与地球磁场相比，几乎可以忽略不计，那么精准测量火星辐射水平是十分关键的。地球自然磁场通过偏转高能量太阳和宇宙辐射来保护我们免受这些辐射的影响。火星磁场较弱，辐射未经偏转直接照下，对任何潜在原始生命形式的进化、灭绝有重要影响，也对第一批真正的火星乘组人员防护构成了挑战。德文岛靠近地磁北极（距离仅为 200km），那里的磁场线从地球表面出来，辐射保护能力稍差，因此，很值得于此测量到达地球表面的宇宙辐射强度。

另一目标为收集岩石及湖内微生物样本，在栖息地对它们进行检验分析。在返程途中，我们决定利用此次活动进行第二次地震检波器部署。我们巡视了 4 个可放置点，其中 3 个在陨石坑内。第 1 个临近三一湖；第 2 个在两条河流交叉山谷底部；第 3 个在陨石坑边缘内侧；第 4 个在陨石坑外边缘处。我们暂时无法决定放置在哪一地点，同时也评估了其他选择项。天气因素是北极地区一项重要因素。今天偏南风，风速可达 60km/h，气温为 4℃（寒冷因素也要考虑在内）。根据天气预报星期一的天气状况比明天的要好。考虑到穿着防护服放置地震检波器十分吃力，我们决定星期一再进行放置。明天我们可再开展一次舱外探索活动。此外，我们也打算对地表水冰块——冰核丘进行地球物理探测。但我们无法确定能否在全地形车可达的范围内找到冰核丘。我们仍在探讨这一问题。

晚上轮到我们洗澡了，感觉简直太棒了！这是我一周前离开雷索卢特后第一次洗澡，时机再好不过了。如果能按时完成报告，今晚又是电影之夜。我要加把劲尽早在晚上完成报告。祖布林指挥官是今晚的大厨，是惊喜还是意外，我们做好了心理准备。

大家情绪高昂（晚餐过后情况如何仍是未知），比利时巧克力还是那么美味。我签完字后，准备飞奔去洗澡。

弗拉基米尔

2001 年 7 月 15 日，星期日，第 5 天

火星栖息地第 5 天。

我们熬过了昨晚祖布林指挥官烹饪的意大利面酱汁，值得庆幸。

昨晚我们也没能看上 DVD。昨晚是人类与发电机的大决战。首席工程师史蒂文·布拉汉姆在栖息地和发电机之间来回奔走，每次发电机死机他就去重启，大约 15min 一次。眼看发电机要赢得最终胜利，我们不得不放手一搏。最终加了一些燃料，我们渡过了难关，但燃料箱也见底了。唉，科技的局限啊！

今天舱外活动由 3 位组员参加，持续了 2 个半小时。指挥官祖布林，麻省理工学院地球物理学家凯西·奎因以及我开展舱外侦察，寻找部署地震检波器的合适地点。因纽特猎熊人乔再次陪我们一同前往。我们开着全地形车花了 30min，跨越河流来到了离栖息地不远处的冯·布劳恩平原（Von Braun Planitia）。我们在此发现了两个潜在部署地点，既不泥泞，也没有太多鹅卵石、岩块覆盖。我们又开了一段距离，跨越河流，翻过山脊到了平原尽头，继续探索之路。因为我具备地点选取的专业知识，祖布林指挥官让我带队。我尝试翻过小块岩石积雪区，全地形车几乎失控，我差点从车上摔下去。所以我们决定返程，寻找更安全的路线。

全地形车小队整装待发
左——从左到右为罗伯特·祖布林、凯西·奎因、弗拉基米尔·普莱泽
右——带着猎枪的因纽特猎人站在祖布林（左）及奎因（右）中间
（图片来源：FMARS-2 研究站人员）

汇报会上，我们对昨天及今天查探的地点优劣势进行了讨论，

提议在霍顿陨石坑其中一个地点（山谷底部两条小河中间）开展地
震实验。原因有以下几点：第一，所有查探地点均过于泥泞或布满
碎岩石；第二，该地区主要由白云岩（一种碳酸盐和镁岩石）构
成，所以重复几天前在另一地区进行的测量无法产生任何新的数
据；第三，我们在冯·布劳恩平原找不到任何有关冰核丘或地下冰
的线索；第四，全地形车拖车只能承载130kg测量仪器，这也是一
个重要考量因素。目前陨石坑地区与周边地区相比，更容易进行探
测。另外，火星乘组成员更有兴趣对火星陨石坑地下结构进行勘
测，因此测量陨石坑内地震数据更具吸引力。所以明天我们将前往
陨石坑。

我们打算对两种地震源进行测量：已经使用的手锤和重锤震源
枪，能够向地下发射垂直炮弹，产生所需的小型地震。明天舱外考察
活动将十分漫长，耗时至少5h。今晚需要早点休息。昨天没能看上
DVD影片，今晚终于可以看电影了。我们打算看《火星人玩转地球》
（Mars Attacks），十分应景。

目前一切进展顺利。我有点小失望，因为还没亲眼看到一只北极
熊。还有两次舱外考察活动，也许下次就能看到了。我在默默祈祷。

查尔斯当起了今晚的大厨，晚餐是米饭配辣豆酱，甜品是比利时
巧克力和水果罐头。我们干脆入乡随俗，在火星，学火星人做法；在
北极，就吃些冰巧克力。今天霍顿陨石坑湿气重，雾气很大。今日记
录完毕。

弗拉基米尔

2001年7月16日，星期一，第6天

火星栖息地第6天。

昨晚的电影充斥着火星人"嘎嘎"声，一大早我们还在模仿那
"嘎嘎"声，气氛轻松，为我们开展最为关键的舱外活动打下良好基
础。这次活动也是最具雄心的一次舱外活动。我们打算在霍顿陨石坑
两个垂直方向部署地震检波器，进行6次测量，手锤叠加模式进行
10次敲击，利用震源枪在6个地点中的其中1个地点进行射击。本

次舱外活动由 4 位组员开展，至少持续 5 小时。由于查尔斯·科克尔具备陨石坑方面专业知识，对团队大有帮助，他将代替凯西·奎因前往。其余三位是罗伯特·祖布林、比尔·克兰西以及我自己（弗拉基米尔）。

享受一顿温暖早餐（就是把牛肉罐头里的东西扔进锅里）之后，10：00 左右我们开始进行出舱准备。

出舱活动准备

左——凯西·奎因帮助罗伯特·祖布林和查尔斯·科克尔穿戴设备

右——史蒂夫·布拉汉姆、比尔·克兰西（右）、弗拉基米尔·普莱泽信心满满

（图片来源：FMARS-2 研究站人员）

通过无线电，我与营地管理者乔·舒特一同回顾了震源枪使用流程，决定使用猎枪弹壳。拖车装载完毕，我们准备 11：00 左右出发。查尔斯带队，我负责驾驶全地形车牵引装载着 130kg 仪器的拖车，罗伯特、比尔紧随其后。天气并非最为理想的状态，但在火星上也不可能每天都有好天气。期望路上能够发现泥地，因为查尔斯和我的任务很简单：避开泥泞道路，千万不要陷入泥里。

说得简单做起来难。我们确实发现了泥地，但却是在陷入之后。这是一个巨大的泥塘，从远处根本不易发现它。我原本正驾驶着全地形车，保持着不要陷入泥里的车速，但突然开到了这个泥塘，车速骤然下降。而负责看护设备的查尔斯所行驶的区域，从我这里看过去，好像是片干燥地。也确实如此，查尔斯安全通过。但我和我后面拖着130kg仪器的拖车就没那么幸运了。感受到身下车辆在下沉，我赶紧跳车，却不想也陷了进去，泥直接没到了膝盖，这简直难以置信。泥塘黏性极大，我越发难以行动。我的脑海迅速浮现出了流沙场景，两者有异曲同工之处。万幸其他人驾驶车辆安全通过了，他们赶紧过来对我进行援救。

深陷北极泥潭
左——罗伯特·祖布林对我进行施救
右——我最终脱离困境
（图片来源：探索频道）

我们讨论了许久，如利用其他全地形车拖出我的全地形车及拖车，或者把仪器从拖车上卸下，箱子先放在泥里。最终，我们穷尽了所有方法（用手推拉、借助全地形车等）仍毫无进展，情况十分糟糕。每个人都陷入了泥里，不得不互相施救，从泥里脱困。经过一个多小时的跌倒、讨论和陷入泥泞过后，我们不得不寻求外部帮助。约翰·舒特及探索频道团队陪同我们开展了此次活动。约翰带了猎枪，他的同事带着摄像机，为后人记录下这一现代版的"贝尔齐纳河战役"。约翰扔给了我们两卷绳子，不得不佩服他的机智之处。他提议在我的全地形车上（现在已经陷到了座位区域）系上两根绳子，然后用其他三辆车一起拉动它。拖车已经陷到了车身下部。

载有 130kg 重仪器的拖车陷入泥里，身穿舱外航天服的
2 位乃至 4 位组员都无法将其拉出
（图片来源：探索频道）

　　每个人都陷入了泥里，足足有大腿中部那么深。我不禁自我怀疑道，为什么我不再下沉，为什么脚步感觉那么寒冷。很快我明白过来：第一，我们的防护服并不防水，泥水直接渗入了衣服和靴子中；第二，不再下沉的原因是我们站在了永冻层（极地纬度下永久冻结的地层）上。足够幸运的是，永冻层上的泥没有那么深，否则我们会陷得更深。

　　最终在我们共同努力和其余三辆全地形车辅助下，拖车缓慢开始移动。我的全地形车又回到了地面，慢慢向前移动，最后停在了几米远的坚硬地面上。我一直在拖车后面推，我四肢着地倒在泥地里，又一次无法移动。有线天线在早些时候一次跌倒中，从无线电盒上折断了，所以我的通信已经中断：无法进行呼救；也按不到无线电按钮。我感到在泥潭中越陷越深，但这一次我处于四肢着地状态，并非直立。幸运的是，泥潭外的一位同伴看到了我，赶快对我进行施救。脱困回到坚硬地面之后，我们环顾四周，情况不容乐观。我们全身沾满了泥，头盔近乎完全被泥覆盖。

在绳子辅助下，成功将全地形车拖车从泥里拖出。
罗伯特·祖布林头盔有很多泥，有些难以辨认
（图片来源：探索频道）

失去无线电通信后，我们无法通过声音，只能通过手势进行交流。与北极泥潭抗争了 1 个多小时，我们全都筋疲力尽。天气也越来越糟。在淤泥覆盖的头盔下互相大声叫喊，最终我们达成了当下唯一的抉择：放弃此次活动，返回栖息地。我们未能开展实验、收集数据，未能达成任何成果，最终无功而返，我感到十分失落。我向来不喜欢轻言放弃。但考虑到现状，放弃活动是目前最为明智的选择。我们盼望回到栖息地暖和暖和身子，好好休息一下。

返程也并非易事。返回途中我们选择了另一条路径，头盔视线模糊不得不缓慢驾驶。我驾驶的全地形车和拖车又一次陷入了泥潭，在远处我们根本没能发现这个泥潭，感觉太糟糕了。泥潭简直是我们的梦魇！上一次我碰到这种情形还是在 20 年前的非洲：那天下了大雨，我们驾驶的摩托车和吉普车多次陷到了红土泥潭中。没有人能预想到在过去的几周里，北极会有如此多的雨水，以至于车辆难以移动。

我们已经轻车熟路，很快将全地形车和拖车从泥中拖出。在推拖车时，我又一次倒在了泥地里。这次我四肢着地，泥巴已经到了我的肩膀和臀部，倒在覆盖 50cm 深北极泥浆的永久冻土层上。幸运的是，一位同伴再次帮助我摆脱了困境，如果仅靠我自己，我不可能成功脱困。我们又一次选择从另一条路线离开。

最终历经 3 个半小时舱外泥泞活动，我们精疲力竭，成功回到了

栖息地。我们全都变成了泥塑，不禁大笑起来。留守的凯西、斯蒂文之前未能通过无线电联系到我们，十分担忧，终于看到了我们——一个个泥人。我们花了半小时脱掉防护服及内衣，衣服全都被泥及冰水浸透。

上——4位组员返回栖息地，满身泥泞

下——在欧洲航天局（ESA）的准备间脱下防护服

（图片来源：FMARS-2研究站乘组人员）

过了一会，我们身体慢慢变暖，洗了澡，吃了点食物，感觉回到了正常状态。

探索频道领队安迪·利伯曼异常兴奋，他拍摄到了本周最佳照片。毫无疑问，他将利用这场灾难，将其表现为组员迷失在火星泥浆探险故事（事实上火星上没有泥浆……）。我们决定在汇报会前休息2小时。我们以探险幸存者身份接受了探索频道团队对我们每个人的采访。

晚上任务汇报时，我仍对今天舱外活动无功而返耿耿于怀。我认为我们应该选择另一条路线，早些寻求外部援助，这样我们也许能够继续下去。总之覆水难收，对已经发生的事情再作争论毫无意义。

舱外活动汇报会，大家闷闷不乐。从右至左为，罗伯特·祖布林、
比尔·克兰西、弗拉基米尔·普莱泽
（图片来源：FMARS-2研究站人员）

大家一致认为今天是迄今为止开展的最为艰难的舱外活动，没有人能预料到路途如此泥泞，这也是北极活动过程中最为混乱的一次经历。火星不会有泥地，所以此次模拟不能作为火星活动或环境的代表

要素，航天员在火星也不会碰到类似情形。无论是顺境或是逆境，我们总能得出一些结论，汲取一些经验。比尔·克兰西作为此次舱外活动的一员，以他的视角分享了在今天逆境之下，一些可取之处。例如，团队依然能够良好运转，4 位组员保持沟通互动。毫无疑问火星航天员将会面临更为严峻恶劣的现场条件，我们今天面临多次重复性突发状况的处理方式有以下几点值得参考：栖息地控制中心与现场组员通信中断；改善头盔面罩可视性（试图以沾满泥的手套擦净面罩，毫无作用）；几次决策链短暂中断等。接下来几个月我们还会对此次活动进行深入复盘。今天活动具有一定指导意义，遗憾的是，实验没有取得进展。我们决定如果天气条件允许，明天再次尝试在栖息地前海恩斯山脊部署地震检波器，完成陨石坑边缘地下结构三维特征分析。可惜没办法去陨石坑。外面还在下雨，雾越来越浓。

来自泥泞火星的问候！

弗拉基米尔

2001 年 7 月 17 日，星期二，第 7 天

火星栖息地第 7 天！也是最后一天！

这是火星模拟行动日记的最后一篇记录。时值午夜，不久后，我就要返回雷索卢特。天空呈宝蓝色，午夜太阳高挂在天空。又是收获满满的一天。在北极度过的每一天都是独一无二的。今天天气也十分宜人，正如一位因纽特老者所说（由阿齐兹杜撰）：“如果天气不佳，静待 5min，天气就会转好。”与昨天毛毛细雨、道路泥泞情形相比，天气的确变好了。下面重回正题，昨晚……

开完会后，整个团队情绪低落。一整天舱外活动困在陨石坑的泥泞中，大家筋疲力尽。一想到星期二下午我们将再次开展实验，心里多了几分宽慰：希望仍存。比尔·克兰西大厨为我们准备了意大利面搭配三文鱼罐头酱汁。晚餐后团队一同观看了《巨蟒与圣杯》（*Holy Grail*），大家脸上也多了不少笑容。

早上，天气晴朗。我们着手填写美国国家航空航天局及魁北克大学（University of Quebec）心理学家拉皮埃尔（J. Lapierre）博士准备的心理状况调查问卷。一开始我们还热情高涨，可过了 1 个小时才发现可能填上 1 天都无法完成。我们接到无线电通知接下来几天内只有一班雷索卢特往返德文岛的飞机，起飞时间为今晚 18：00。颇具讽刺意味，天气糟糕时，飞机无法起飞；天气良好时，飞机又十分忙碌为其他北极站点服务，无法飞往德文岛。由于原本计划在雷索卢特赶星期二早 4：30 的飞机，我不得不搭乘今晚德文岛—雷索卢特的飞机。

打包行李、为下午舱外活动作准备，时间变得异常紧张。我们只好暂时将调查问卷放置一旁，专心清理满是泥块的防护服。

下午舱外活动由 3 位组员开展：罗伯特·祖布林、凯西·奎因还有我，持续 2.5h。我们前往海恩斯山脊，在陨石坑边缘垂直方向部署地震检波器，继上星期四完成一部分探测后，开展陨石坑边缘垂直方向三维探测。今天气温达到 8℃（居然达到了 0℃ 以上），大家不停地流汗，炎热天气令我们疲惫不堪。CNN 记者和摄像师刚刚抵达，组员强打精神满脸微笑起来（虽然这一段可能不会在电视上播放）。在 CNN 镜头的注视下，我们成功按时完成了所有测量。保存好数据后，晚上我会通过电子邮件将数据发送给巴黎地球物理研究所及比利时皇家天文台的同事作进一步分析处理。我们按时返回了栖息地，着手打包将要带回法国的仪器，作好离开准备。三大箱仪器外表仍布满昨天活动留下的泥土，装上飞机前可能没有时间清理箱子。希望巴黎同事能够对我们开展实验面临的艰苦环境表示理解。

新乘组成员已于星期一晚抵达德文岛，预计今晚 21：00 进行新旧成员交接。由于要前往大本营赶 6：00 的飞机，我无法参与交接。没有身着舱外活动防护服及头盔走在户外，内心五味杂陈。想到即将离开栖息地、离开一同患难的乘组成员，重返文明（事实是先回到大本营），心中悲喜交加。

在大本营，我见到了美国国家航空航天局艾姆斯研究中心霍顿火星项目首席科学家帕斯卡·李博士，我们探讨了未来合作的可能性，听起来十分有趣。晚餐是墨西哥蛋卷搭配青椒、黑豆及萨尔萨酱。我们同新乘组成员就栖息地经历交换了观点。时间飞逝，到了我告别德文岛的时候。飞机整装待发，仪器已装上飞机。科学家、医生、厨师、营地经理等都来帮忙将仪器、行李装上飞机。它成了连接这座岛屿与地球其他地方的唯一枢纽。我与大家伙握手致意，互道珍重与祝福，之后飞机将我们带往了无垠的天空。

从机上俯瞰，北极沙漠布满积雪区，棕色、银色混在一起，一片美景尽收眼底。俯瞰下位于陨石坑边缘的栖息地变成了一个白点，一片荒凉和伤痕累累之景与火星如此相似，但它十分好客，又与火星截然不同。

双水獭型飞机飞离德文岛前往雷索卢特途中，栖息地俯瞰图
（图片来源：弗拉基米尔·普莱泽）

飞过冰冻的海面，我们注意到一座冰山伫立在冰面。同一周前一样，航程持续了45min。抵达雷索卢特后，阿齐兹及美国国家航空航天局霍顿火星项目后勤经理科琳·莱纳汉接待了我们。气温高达12℃，真是令人"难以忍受"。

飞行途中遇到的冰山和阳光照耀下的冰面
（图片来源：弗拉基米尔·普莱泽）

　　下榻阿齐兹安排的酒店后，我十分期待离开栖息地后的第一次热水澡。令我欣喜的是，屋内居然安装了按摩浴缸。享受按摩时，我想到了我的伙伴们，他们在大本营即将度过离开栖息地后的第一晚；我想到了新乘组成员，他们同一周前的我们一样，即将以饱满的热情开启模拟行动。

　　当生活中一些简单的东西失而复得后（在栖息地近两周时间，只有睡袋、露营、海绵浴），其带来的满足感达到了另一个层面：现在我十分享受热水澡、香皂，以及能够安睡的床。但是，我仍雄心勃勃，在栖息地类似斯巴达式的生活下我仍旧能够坚持一段时间。不得不承认结束这段旅程之后，感觉良好。回想过去两周时间，这是令人难忘的一段经历。我遇到了许多有趣的伙伴，共同经历了不同的境况，尽管时而艰苦，但总能有所收获。在经历这样的冒险之后，归来时总会有更丰富的新体验。

　　接下来三天内，一段新的旅程即将开启。今晚过后，星期四一早我即将启程返回欧洲，清晨4：30由雷索卢特飞往耶洛奈夫，之后从耶洛奈夫飞往埃德蒙顿。星期四晚从埃德蒙顿飞往伦敦，最后从伦敦出发，星期五一早抵达阿姆斯特丹。下周我又将启程，参加欧洲航天局活动。我将前往法国波尔多，参加欧洲航天局组织的学生实验抛物线飞行活动。这些抛物线飞行期间的失重情况有点类似（相对而言）航天员从火星返回地球的星际旅行中遇到的失重情况。我期待明年有一天能回到这个不可思议的地方，享受北极24小时的日光。这篇日记的最后一句话应该是："着陆火星！"

弗拉基米尔

3 // 北极研究后记——
模拟研究的启示

  此次模拟活动收获颇丰。模拟活动在北极夏季期开展了两个月，6 位乘组人员在栖息地轮流开展活动，进行了多次实验。难以用几句话概括这段经历。感兴趣的读者可以在火星学会网站每日更新的日报及科学报告中了解更多细节。在此，我想谈谈自己在火星栖息地一周模拟研究中的收获。

  首先，6 位乘组成员有着不同的性别和种族，来自不同的国家，拥有不同的文化背景，但在此次模拟活动中相处愉快，在极端恶劣、与世隔绝、水资源定量供应的环境中能够共同工作及生活。一周时间的确不是很长，但此次模拟为史上开展的第一次类似活动。接下来的活动持续时间可能会更久，忍受更长时间的隔绝及心理承压状态。2002 年春季第二次模拟预计要求成员在新的栖息地驻守 2 周时间。2002 夏季德文岛栖息地第三次模拟预计将驻守 4 周。同时，逐步对极端环境火星任务模拟中与群体动力学相关的心理要素展开研究。

  其次，从操作层面来说，舱外活动防护服较为实用。从人体工程学层面来说，地球或实验室使用的常见工具及仪器必须与航天服使用界面及舱外活动手套和靴子相匹配。例如，按动计算机键盘按键需要配备能够起到类似螺丝刀或指甲作用的工具。乘组地质学家凯西·奎因将小型螺丝刀粘到手套食指部位巧妙解决了这一问题，这样就能在舱外活动中灵活地激活、操作 GPS 接收器。同理，在防护服前臂位置安上镜子，可以帮助我们在驾驶全地形车时更好地看清后面，这在模拟活动后期起到了很大作用。野外计算机的小型激活按钮或安装电子连接器需要配备类似钳子或短撬棍这样的工具。这些改装属于非常基础的配备。首批火星乘组团队使用的仪器及工具将与操作界面更佳匹配，航天员不必用手指直接接触即可完成相应操作。

防护服头盔设计也要进行改进，提高矢状面（通过鼻子和垂直于前额的垂直视线面）视野。弯腰向前看时，我们几乎不可能看到自己的口袋或固定在腰带上或衣服胸前口袋上的小型便携式无线电。我们采用的小窍门是用其他组员衣服的口袋而非自己的口袋放置用过的工具或收集的岩石样本。头盔设计最为复杂，它既要做到坚固、耐久性好，又要兼顾头部及躯干能够灵活自由的活动。总之，舱外活动防护服的设计一直是项难题。自俄罗斯及美国开展太空探索以来，航天服设计经历了一代又一代更替。在低地球轨道或月球上执行太空任务时使用的航天服与将在火星上使用的航天服之间的主要区别为航天员身穿航天服的总时间。前者每次可能仅需几小时，而为期一年或更长时间的火星探索则要求长时间或几乎一整天身穿航天服。设计要考虑长时间及频繁穿戴的实用性要素。航天服模块化概念将受到广泛欢迎，可互换的部件能够使维修更加简单快速。

另一方面为改进头盔在不同气候条件下视野。在那次难忘的泥泞经历中，我们被困在陨石坑泥潭，面罩布满泥水。在火星开展探索也有可能碰到类似情形。火星航天员可能不会遇到泥水，但很有可能会碰到尘暴。尘暴会产生很大摩擦，对头盔面罩产生破坏；火星风速也可能达到较高水平，持续数周或数月时间，对面罩也会产生影响。二氧化碳为火星大气主要组成部分，因航空服内外温差，会产生凝聚现象，在面罩外部起雾，也会像泥水一样干扰航天员视线。因此，十分有必要设计相应的清洁或清洗系统，可在防护服前臂位置安装简易刷或在面罩上粘贴多层透明膜，一旦视线受损，航天员可揭下透明膜获得更好视线。透明膜理念类似越野摩托车驾驶员在护目镜上使用防护系统，在泥浆喷射后剥落一层又一层薄膜，以获取更佳视野。

再次谈到操作层面，如果继续开展舱外探索活动，不仅需要尽快配备合适载具，同时也要设计好返程路线。全地形车是几十公里短途范围内的最佳载具。首批火星航天员如想要在基地周围探索更远的距离，则需要配备另一种载具，如火星履带车。考虑到火星舱外活动持续时间比月球舱外活动更久，月球漫游器未必是恰当的选择。理想选择是一辆自给式加压车，能够支持 2、3 位航天员离开火星基地，开展长达数天甚至数周活动，同时不必身穿舱外航天服。此类载具能够将探索活动距离延长至数百公里，这可不是小数字。假设我们已对火星表面拓扑结构有清晰的了解，我们仍没有火星表面详细地形图，目前还不具备比例尺为 1/100000 的火星地图。火星 GPS 类似地球常见的 GPS（用于海上船只、飞机及汽车导航及定位），是在火星定位、导航的绝佳选择。目的地坐标一旦输入载具计算机，可根据 GPS 指引驾驶车辆。想要使用 GPS，需要在火星轨道配置卫星。因此，强烈建议在所有火星轨道航天器上安装一个合适的 GPS 转发器。这种方法既简单又高效，能够为火星表面探索活动提供极大便利及支持。

　　关于现场作业。为顺利开展地球物理实验，我们必须逐步遵守精确程序，选择最佳地点及方位安装感应器、布线、连接感应器、配置采集机，最终完成实验。这些程序在 10 页长的纸质手册上均有记录，我们经常需要查阅手册规定的操作时间和逻辑顺序。户外作业常常风雨交加，手握册子进行翻阅并非易事。我们试过多种解决方案（比如由栖息地同事通过无线电传达操作程序；给手册套上塑料封皮等），实际效果都不太理想。我们设想在防护服左臂（适用惯用右手人员）安装一台袖珍计算机，类似整理器，在液晶屏上显示程序文本或相关信息，由适应防护服手指大小的小键盘上按键来完成操作。此系统设想已经用于国际空间站航天服设计，在我们遇到的恶劣气候条件下将起到最佳作用。

　　关于不同层级沟通问题以及当第一层级沟通短暂失效后替代沟通系统问题。一开始，我们均通过位于科罗拉多丹佛的地面指挥中心进行沟通，地面指挥中心与火星有 20～30min 的信号延迟。连接德文岛及丹佛指挥中心的卫星通信线路由于受到天线系统干扰影响而导致通信中断。我们不得不通过电子邮件与丹佛指挥中心沟通；通过无线电与栖息地几百米远的大本营进行沟通。这足以确保指挥中心例行把控活动情况，随时了解我们在德文岛遇到的具体问题。舱外活动期间，乘组成员之间及与栖息地间的无线电沟通，受各因素影响遇到多次技术问题：寒冷和潮湿的环境导致电池充电不足或错误，或者接收装置和耳机送话器（俗称麦克风）之间连接不良或不经意拔出，或者设置按钮被卡住或无法用防护服手套激活。等待问题修复期间，我们不得不依靠降级的通信模式传递最基本的信息。我们遇到的情况具有一定指导意义，火星航天员也可能碰到类似的技术问题，但他们并不能轻易取消舱外活动。我们对两种原始沟通模式进行了测试。组员相互靠近，将头盔靠在一起，通过头盔向对方大声叫喊等方法有时能够起到沟通作用。火星没有大气、处于低压状态，因此这种原始沟通方式在火星完全不可行。另一模式为组员相互距离较远时，通过手语或手势信号进行沟通。这种简化沟通模式目前也应用于其他极端环境的人员进行沟通，如深海潜水员或编队飞行伞兵等。驾驶全地形车时，我们通过手势沟通停车、转向、减速等信息。进行主动地震实验时，手臂上扬表示采集系统已安装，几百米外的铁锤操作员应做好准备，其他人员应停止移动。另一手臂上扬表明采集系统就绪，操作员可自行决定何时将锤子敲打在金属板上。这种沟通方式虽然非常简单，但因其简洁性比无线更受欢迎，且所有在场的火星航天员都能立即理解要传递的信息。

我们设想不仅可通过无线电语音信息进行沟通，而且通过无线电电子信息进行交流，类似发送短信而不是使用便携式电话交谈，这是非常有趣的一个想法。这个系统可以与上面提到防护服便携式计算机相结合。电影《深渊》（*Abyss*）的主人公在一次深海潜水中使用过一个类似的系统。

下面，谈一谈轮换期间进行的一系列实验。如前文所写，我们没有发现任何地下暗湖，但这并不是实验最终目的。事实证明由三人组成的团队，穿着舱外活动防护服，经过适当培训，可完成一系列的操作：部署和进行主动地震实验，包括设置 24 个地震传感器，铺设数百米的电缆，完成50多对电气接插件接线，配置现场计算机，以及用大锤进行几十次地震测量。这些操作要求精确和特定安装顺序，加上身穿近20kg重的防护服，对组员体力是一个重大挑战。

这对火星任务提出了一个需要解决的问题，即地球—火星行星航行采用的推进模式。当前，有两种可能的推进模式：持续推进、非持续推进或弹道推进。推进模式当然更快，但需要携带必要数量的燃料（氢气或肼）和氧化剂（氧气、四氧化二氮或其他氧化剂）。我不会谈到其他更独特的推进模式，如太阳帆或离子推进，这些当然是可行方案，但由于缺乏载人任务的实际经验，目前没有涉及这些方案的设想。这些额外的燃料和燃烧剂必须从地球上发射，将极大地增加初始低地球轨道和下一步在行星际轨道上发射燃料总量的预算。

另一种非持续推进或弹道模式优点在于不需要运输如此大量的额外燃料和燃烧剂，只需将星际飞船发射到火星转移轨道，换句话说，给飞船提供最初推动力，在最初推动力之后其余行程则按照天体力学规律飞行。在航程的非推动部分，航天器及其所有部件都处于自由状态，航天器内普遍存在失重现象：所有物品和航天员如果没有固定在航天器内都将自由漂浮。我们现在知道长时间失重状态会使人类机体衰弱。造成的严重影响是骨骼系统矿物质流失，以及肌肉张力和体积损失。骨骼脱矿意味着钙、磷和其他成分（受影响程度较小）被机体自然消解。平均每天钙流失约为0.1g，成年人体内则平均共含有1kg钙。肌肉也是如此，由于不需要对抗重力以确保站立姿势，所以会导致肌肉体积缩小和张力松弛。航天员在经历了6个月失重后，有可能失去大量骨矿物质，以至于回到地球或着陆火星时可能多处骨折。多年前，科学家已经在研究上述情况；太空实验室、国际空间站和曾经的和平号空间站在开展太空任务时都会对航天员进行研究。以上研究，有个专门的空间术语，即"对策"（countermeasures），通过适当饮食和补充钙质，辅以一系列体育锻炼，来对抗骨矿物质的流失。航天员被要求在轨道上每天做一到两个小时运动，在跑步机上或用伸展器锻炼，或者在测力自行车上运动（这有点自相矛盾，因为他们在围绕地球的轨道上已经以每小时 28000km 的速度运动）。回到火星任务上，在失重状态下待了几个月后，刚刚登陆火星的人员无法进行体力要求很高的户外科学和探索任务（就像我们在舱外活动进行的地震实验，这也是火星探索任务目标之一）。考虑到运输燃料和燃烧剂成本，如果想保持非推进模式，有两种可能的解决方案：以某种方式向飞船提供人造重力；开发出有效的对策，使航天员能够以足够健康状态到达目的地。可以通过让飞行器旋转（围绕飞行器轴线或者将飞行器分成两个不同部分，中间连接起来，让整个飞行器围绕中心的点旋转）来产生人工重力，从而产生替代重力的离心力。这些应对措施并不能百分之百有效确保星际航天员维持身体健康。每次太空任务后，我们都会提高失重对人体器官造成影响的认知，但还没有完全掌握这些机制细节，对抗这些机制的手段还没有完全开发出来。这两种解决方案可能应同时适用于非推进模式的火星之旅。

但通过地面模拟中的一个简单实验，已经得出了关于火星探索任务的一个重要结论。

该实验另一个结论涉及乘组成员组成问题。前面曾提道，在舱外活动现场操作持续时间比在正常环境下要久得多。对于地球物理实验来说，超过 80% 时间用于选择实验地点、物料准备和实验仪器配置，只有 20% 时间用于运行实验本身。因此场地的选择对于优化现场操作和节省时间至关重要。现场科学专家使这一切变得可能。如果没有科学领域的专家指导，未经训练的操作人员无法进行此种类型实验。在火星探险团队中，不仅要有训练有素的操作人员，还要有在空间探索科学领域的专家，这一点十分关键。火星探索需要专业的科学知识。每个人都有自己的工作职责，必须让科学家们承担起进行空间科学探索研究的任务。

从科学角度来看，实验结果证实霍顿陨石坑边缘的地下层由白云石或镁质石灰岩组成，这是一种由碳酸钙（一种含有碳、氧和钙的分子）和镁组成的岩石。相关物理学硕士学生的论文对这些数据进行了研究。实验和初步结果在休斯敦、斯坦福、巴黎和布鲁塞尔国际会议上，以及欧洲航天局欧洲空间研究与技术中心技术研讨会上进行了介绍。本书结尾也给出了相关参考文献。

除饮用水外，厕所和个人卫生用水定量供应。个人卫生并没有受到太大影响，我们在日常生活中洗手、刷牙、淋浴或洗澡时更加意识到水资源浪费问题。与其让自来水肆意流淌，不如把水龙头关掉，只使用个人卫生所需要的水量。美国国家航空航天局对航天员前往火星并自主生活所需用水做过预估。而我们通过注重细节，不限制饮用水用量，所消耗水量不到其预估值的一半。美国国家航空航天局预测每人每天使用36L水。我们的用水量平均为每人每天15L，仔细想想，这仍然是一个很大的数字，但其中包括做饭、洗碗和偶尔淋浴的水。

这证明在火星探索中，至少可以减少一半的用水总量。针对航天员在火星上面临的模拟极端环境，测量真实的消耗量而非理所当然的估计量是本次模拟活动要达成的重要目标。

最后，大家对栖息地内部安排提出了一些建议。大家都认为分配给每个人的小房间缺乏"实用舒适性"。这并不是说我们期待着宽敞的四星级酒店。房间大小不是问题，更多的是房间内部布局和人体工程学不适合长时间居住。其他方面，橱柜、各种架子和小型工作桌严重不足。所有这些对于一个星期的短暂停留来说完全可以忍受。有人提到缺乏新鲜食物，但没有注意到维生素或微量元素的缺乏。模拟时间太短，无法及时注意到这一点。此外每个人都可以得到维生素补充。我们也没有观察到味觉和嗅觉的退化。众所周知，和平号空间站和国际空间站上航天员表示这两种感官有所退化，所有气味和味道都混在一起，变得难以辨别。谈到气味，每个人都同意不要在星际航行中使用焚烧式厕所。除了潜在火灾风险外，频繁的故障，以及六名船员不能没有卫生系统这一事实，使得我们必须考虑设置另一个更可靠和更有效系统。

以上是在这次短暂的隔离模拟中所获得的一些经验和教训。当然还有许多其他经验，在北极火星基地轮流进行六次轮换之后开展的后续研究仍在继续。

　　我没有谈到心理方面。首先我不是心理学家，这不是我擅长的领域，我不想说任何误导性话语。这类观察无论是直接的（通过实时监测成员之间的交流和互动）还是间接的（对印象和行为的问卷调查和访谈）都正在进行，试图得出部分结论毫无意义。我只能告诉各位，我们没有任何人际关系方面的问题，相反，所有成员凝聚成一个团体，即使在困难时刻也能进行建设性互动。

　　我认为这是从这次模拟中得出的最好结论。对火星的探索和准备是一项全人类的事业，它加强了全人类之间的联系。不论男性还是女性都对发现和向人类打开一个新世界这一最终目标有着同样的热情。

第 2 部分

沙漠

4 / 沙漠研究前记

2002 年 1 月一个晴朗的早晨，我收到了罗伯特·祖布林的一封邮件，内容直白简洁，十分符合他一贯的风格。他用寥寥数字（不超过 10 个字）邀请我与他们一起再次出发。本次的地点是美国犹他州沙漠中心地带的新栖息地。在粗略地核对日期之后，我直接回复："着陆火星!"。我再度兴奋起来。本次情况和之前一样，预计共有六次轮调，每批六名不同的工作人员，每次轮调持续两周。

火星沙漠研究站（MDRS）景象

（图片来源：火星学会）

2002 年 4 月，我将参加第五次轮调。本次轮调由比尔·克兰西担任指挥官，他也参加了之前的北极考察。其他四名乘员分别是来自美国加利福尼亚的地质学家安德里亚·福里（Andrea Fori）、芝加哥的生物学家南希·伍德（Nancy Wood），德国斯图加特大学的航空工程师扬·奥斯伯格（Jan Osburg），以及美国得克萨斯州《达拉斯新闻报》（*Dallas News of Texas*）的记者大卫·雷亚尔（David Real）。

本次新栖息地是火星学会建造的第二个栖息地，部署在另一种极端环境之中——沙漠！经历了北极的严寒之后，再来感受沙漠的炙热！第二个栖息地可验证新的科学猜想，它附带实验温室，可以预演一些在火星上的生物学实验和植物学实验。

　　罗伯特·祖布林还问我，能否带来地球物理实验设备，以便能像在德文岛一样反复进行地震测验。我向菲利普·洛尼奥内询问能否再次出借设备，但可惜，设备已被借走，用于地球物理学专业学习试验。由于时间很紧，我不得不另找实验室。我又询问了维罗尼克·德汉特（Véronique Dehant），她帮我联系另一位法国地球物理学家。当时，这名物理学家参加了火星登陆器任务科学小组，正在做测量火星行星磁性的实验。他对我们的实验很感兴趣，但可惜仪器在预定日期内也无空闲。与此同时，我和欧洲空间研究与技术中心的同事，太空任务维生系统研究专家，克里斯托夫·拉瑟尔（Christophe Lasseur）博士进行探讨。他提出了一个很好的实验想法，即在栖息地和附带的温室中种植蔬菜。该实验重点并不在于研究植物种植条件和方法，而是要深入研究工作人员应对园艺杂务的反应，同时衡量他们因为种植绿植和蔬菜所产生的心理变化。我们对此展开深入讨论，发现其意义重大。因为首批登上火星的工作人员所携带的食物，难以满足其于此生活两年至两年半所需。因此，他们必须自行生产一部分消耗品。

左——是否该对温室加压并让其与栖息地相连，以便航天员能像在花园漫步一般

（图片来源：美国国家航空航天局）

右——还是该让温室与栖息地分离，只有通过舱外活动才能进入

（图片来源：克里斯托夫·拉瑟尔）

关于火星温室的设计，我们还聊到了几个问题，但尚未得出答案。比如，要不要对温室加压？如需加压，那压力是多大？是该按照地球大气加压（即1bar）还是按照火星大气加压（约7mbar）？温室中气体构成成分又该是怎么样的？是模仿地球大气（氧气和氮气）还是采用火星大气（主要为二氧化碳）？温室能否与栖息地相连，以便航天员无须舱外活动，即可进入温室；还是该与栖息地分离，使航天员只能通过舱外活动进入温室？从心理学角度看，如果温室与栖息地相连或置于栖息地内部，航天员能自由前往温室，一边照料植物，一边享受独处放松时刻。如果温室与栖息地相分离，航天员需要穿上舱外航天服，并进行舱外活动，方能到达。该流程更为繁杂，所需时间更久，因此放松效果更差。

第二栖息地的设施、材料齐全，刚好可开展这一有趣实验。我们并不期待可以回答全部问题，但我们可能会发现一些迹象，这些迹象可以引导并最终量化来指导对某种设计的选择。如你所见，科技专家们正努力解决这些细节问题，旨在为大约20年后的火星探险做好准备。

实验本身非常简单：种植一些发芽快、成熟快的蔬菜；最后在轮调结束时食用这些蔬菜，并要求工作人员记录他们对此的评价、意见等。其中关键一点在于，不要让测试工作人员知道本次实验最终目标，以便获得诚实坦率的答案。尽管如此，我还是通过邮件与我们组的指挥官比尔·克兰西谈到了这个问题，所以他非常了解本次实验目标。

第二次模拟活动的一大特点是，让之前的工作人员使用GPS，来探索栖息地周围的这片沙漠。我们在北极的首次模拟活动中使用过这款GPS，效果出众。因此，在第二次模拟活动中，这款GPS在探索沙漠时不可或缺。之前工作人员收集的所有信息都记录在数据库和以前工作人员的每日考察报告中，所有这些内容都可以在火星学会的网站上找到。我们新一批轮换成员，在尚未见面前，便早早通过邮件互相交流，讨论如何充分利用这些数据。比尔要求我们所有人都要仔细阅读之前的科学考察报告和舱外活动考察报告，这样一来，轮换时便能知道已经完成的事项，从而避免出现两眼一抹黑的情况。换而言之，我们无须再扮演首批登陆火星并开始探索地势地形的工作人员，而是要扮演经历其他几轮探险后，后续抵达目的地的工作人员，我们需要在前人离开的地方进一步推进探索。因此，我们必须研究之前工作人员所做的一切。由于我白天需要继续工作，处理我在欧洲空间研究与技术中心负责的几个项目，因此只好在晚上甚至深夜阅读和研究之前的轮调报告。好在整个过程十分有意思，给人诸多启发，我们倒也乐在其中。虽然我们还未出发，但对需要前往的地方已经十分熟悉。

　　位于美国加利福尼亚州的任务控制中心，会为我们的轮调提供协助。我们双方只能通过电子邮件保持联系，对方将通过远程电子技术提供帮助。他们也热衷于火星探索，所有成员都来自火星学会加利福尼亚州分会。

　　准备充足后，我们对即将到来的全新环境兴奋无比。在我看来，团队其他成员都是信心满满，也易于相处。鉴于我们将在几立方米的空间里一起待上两周，这是个好兆头。

　　比尔要求安德里亚和扬绘制一个徽章，代表我们这批团队。徽章十分精致。

　　一切就绪，精力充沛，我已准备好迈入火星探索的新阶段。着陆火星！开启新征途！

MDRS-5 乘组徽章，上有 6 人的姓名
（图片来源：MDRS-5 乘组人员）

5 沙漠研究中记——
火星沙漠研究站日记

注：这是我犹他州沙漠之旅的日记。大篇摘录日记内容的报告已发表在欧洲航天局和火星学会法国分会的官网上。另外，这些内容还在比利时报纸《最后一小时报》（*La Dernière Heure*）上日更。下面是完整的日记，其中已注明日期，天数自出发之日算起。

2002 年 4 月 7 日，星期日，第 1 天

地球人好！这是来自"火星人"的问候！

我是弗拉基米尔·普莱泽，很荣幸有机会作为第二次模拟火星任务国际行动的第五组成员，参加本次无与伦比的冒险。我想随时告知你，我们的科学工作，以及我们在该站的日常进展。

今天是我们抵达火星沙漠研究站（MDRS）的第一天。这是一个不可思议的地方，它位于盐湖城以南几百公里的犹他州沙漠之中，周围环境令人难以置信。我们的火星沙漠研究站是火星学会打算在全球部署的四大研究站之中的第二个研究站。两年前，首个研究站建立在加拿大极地圈内无人居住的德文岛，该研究站应用于我参加的第一次国际模拟活动。第三个研究站可能会在 2004～2005 年期间部署在欧洲的冰岛⊖。第四个研究站可能会在几年内部署在澳大利亚内陆。这些研究站模拟了火星上的气候、地质或可能的生物条件，从而便于开展相关实验。我们的想法是利用地球上的极端环境（官方称为"地

⊖ 欧洲火星栖息地计划部署在冰岛，但可惜的是，因预算不足，该栖息地始终未能部署。

球上的火星模拟环境"）来证明载人火星探索任务是可行的，人类工作人员可以在研究站（就是"栖息地"）内自主生活。这个专门设计的栖息地模拟的是火星上的未来首个居住基地。

但让我们从头开始，抵达这里要比去年前往北极地区容易得多，全程一共才花了 24 小时。因为我在荷兰生活和工作，星期六早晨我便离开了阿姆斯特丹，9 小时后抵达亚特兰大。等待 2 小时后，我转机抵达盐湖城。在机场，我被安检人员"随机"带走进行脱衣检查，连我的鞋子都没落下。你没看错，自从 2001 年"9·11"恐怖袭击事件之后，安检要严格了许多。又过了 4 个小时，我在盐湖城着陆并见到了其他工作人员。比尔·克兰西是美国国家航空航天局的一名计算机专家，去年我和他一起在德文岛的火星研究站共处了一周，他是未来两周我们的指挥官。还有来自加利福尼亚的行星地质学家安德里亚·福里，他在机场门口接我。其余工作人员正为未来两周的工作做最后的准备。芝加哥的生物学家南希·伍德、达拉斯的记者大卫·雷亚尔和德国斯图加特的航天工程师扬·奥斯伯格把 3 辆超市手推车里装满了罐头、蔬菜、水果、肉类……这足够我们待在火星模拟基地一个多月。然后，我们开着两辆面包车向南行驶了几百公里，又开了 4 小时后，我们停下来吃了顿饭。凌晨 1∶00 左右，我们到达汉克斯维尔（Hanksville），这是一个小村庄，小到在上一次美国人口普查中都遗忘了这个地方（这可不是开玩笑！）。如果查阅地图，你会发现犹他州南部有三条路形成了一个 Y 字形，汉克斯维尔正处于这三条路的交汇处。我们的基地，或者说火星栖息地，距离这座村庄大约 20km。在 19 世纪的远西区，强盗布奇·卡西迪（Butch Cassidy）绝对可以在这里来个"大丰收"。我们在一家汽车旅馆住了一小晚，因为美国此处从北美标准时区转为夏令时。这相当于我们两周前在西欧的情况，也就意味着又少睡了 1 个小时。好吧，再说一次，我们来这里可不是为了睡觉。在未来 2 周的模拟中，时间不会成为问题。

第二天一早，我们驱车行驶走完最后几公里，领略了美国西部最壮丽的风景，抵达了未来两周的最终目的地。这里环境太过奇幻，以至于好莱坞电影导演詹姆斯·卡梅隆（James Cameron）都曾来此查看是否能拍摄一些场景，用于其科幻电影。

被沙漠围绕的栖息地景象。注意周围不同颜色的地层，
其颜色与白垩纪向第三纪的过渡相对应
（图片来源：MDRS-5 乘组人员）

栖息地和温室，3 辆全地形车和火星旗
（图片来源：弗拉基米尔·普莱泽）

我们遇到了即将离开的上一批工作人员，他们一面因离开而感到难过，一面为回到文明社会而感到高兴。我想两周之后我们也会有同

样的感觉，但目前我们还有太多事情要做，各种想法跃跃欲试。

MDRS-5 乘组人员，从右到左分别是比尔·克兰西、大卫·雷亚尔、
安德里亚·福里、南希·伍德、扬·奥斯伯格和弗拉基米尔·普莱泽
（图片来源：MDRS-5 乘组人员）

　　在简单交接了研究站的情况后，我们得知研究站有些地方与设备
需要维修。但还好弗兰克·舒伯特（Frank Schubert）和他的工程团
队在此。弗兰克·舒伯特是火星学会的负责人之一，也是这里的总负
责人。他们会负责这里的维修。比如，温室的大门前几天被大风刮走
了，现已修复完毕。新换了一台可以正常运转的发电机。生物舱的排
风口和沥滤场（也就是生物厕所），取代了之前模拟中"臭"名远扬
的焚烧炉厕所，但仍需分开收集大小便。以上种种都十分重要，因为
我们打算在封闭环境中进行模拟，所以必须在开始前做好准备。

　　这里的栖息地与北极设置的栖息地非常相似，它们尺寸相同，内
部布局也很相似。但不同之处在于，这里通往一楼的楼梯方向相反，
栖息地顶部有一个天窗，而客厅呈圆形，环墙的桌子上放置了更多的
电子设备。还有，这里到处都是沙子。只要风一吹，沙子便到处

都是。

　　我们开展了一次耗时很长的头脑风暴来讨论本次的模拟方式及各工作人员所需分担的各种家务，包括做饭、餐具清洗、卫星天线的排列、校准，以及基地保水。我会在这两周内向你详细介绍这些"家务事"。

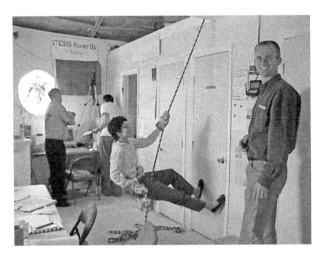

南希·伍德演示了，疏散时如何从屋顶索降，逃离栖息地的"艺术"。
扬·奥斯伯格表示赞赏。大卫·雷亚尔和比尔·克兰西安装了
24小时录像机，以记录工作人员在栖息地的所有活动

　　有两件事让我十分印象深刻，一件事是乘组人员非常热情、乐于助人；另一件事是我们的指挥官比尔要求在本次模拟活动中将样品和数据细致记录并存档。在本研究站使用的三个月里，毋庸置疑，我们会收集到关于当地生物、地质及地球物理学的大量实验数据，还会有很多岩石和生物样品存放在一楼实验室。因此，我们需要一个良好的归档和标签系统，以免将不同东西混淆。

　　我们还有一些访客，他们听说了这个模拟项目后想来看看。于是，我们带他们参观了实验室，并介绍了我们实验目标。我们表示，他们很幸运，因为我们会在今晚凌晨落实全面模拟的模式，届时我们

只能在两周之后接受外部访客来访。

全面模拟模式意味着，必须身着舱外航天服才能走出栖息地，以此模拟火星表面的情况。这些舱外航天服和我们去年在北极穿的服装大体相似。另外，在探险过程中我们还有机会乘坐全地形车。所有全地形车都是四轮摩托车，这与我们在北极地区使用全地形车一样。日落时分的骑行非常特别，橙黄的阳光，配以四周墨绿的峡谷和山丘，我们徜徉在盛景之中。我深感自己语言词汇的匮乏，只能说，太美了！

栖息地周围犹他州沙漠的景色

（图片来源：MDRS-5 乘组人员）

总而言之，这两天非常精彩，因为我能见到其他工作人员，还将与他们一起在栖息地度过接下来的两周。而且通过与离开的工作人员交流，感受到他们对此地恋恋不舍，我们对模拟实验的第一印象颇佳。

时差严重影响了我的工作。现在是 23：30（我不知道我的生物钟是什么时候了）。今天就到此为止吧，我脸上一直带着超大的"火星人"微笑。

着陆火星！

弗拉基米尔

2002 年 4 月 8 日，星期一，第 2 天

地球人好！这是来自"火星人"的问候！

我们在火星沙漠研究站的第二天进行得非常顺利。今天上午，我们花费大量时间讨论、规划本周的各项舱外探险活动。

从两个角度拍摄的晨会

左——从左到右分别为南希·伍德、比尔·克兰西、扬·奥斯伯格、
安德里亚·福里、大卫·雷亚尔

右——从左到右分别为弗拉基米尔·普莱泽、南希·伍德、比尔·克兰西

（图片来源：MDRS-5 乘组人员）

我们决定改变日程安排，这是在火星上的工作人员永远都能做到的事情。我们决定采用我的同事南希提出的西班牙日程表，把我们舱外活动推迟到 16：00 以后，从而避开下午的烈日。事实上，沙漠中的温差相当明显：昨天中午 12：38 的最高温度为 +32℃（约 +90℉），而今天早上 5：20 的最高温度为 +4℃（约 +39℉）。

本次轮调的首次舱外活动为组建研究站的温室。虽然温室距离栖息地大约只有 10m，但我们仍需要穿上舱外航天服。我和生物学家南希·伍德负责的是观察一些蔬菜从种植到收获的生长情况。我们有四种种子：萝卜、苜蓿、芝麻菜和塌棵菜。南希和我开始准备并演练在温室里适合身穿舱外航天服的操作流程。作为培训的一部分，我们把种子种在了生长箱里并把它们留在栖息地里，用作与温室里的生长箱的种子进行对照。南希机智地改造了一个小的实验室漏斗和部分离心机管（这是实验室用的小管子，末端是小漏斗）来组装单粒种子分配器。

左——南希展示使用离心机管和勺子来逐一播撒种子的方式
右——南希和弗拉基米尔一起准备要留在栖息地里的生长箱
（图片来源：MDRS-5 乘组人员）

计划就绪，演练完毕。按照舱外航天服的穿戴流程，我们开始准备装备。由于我的四个同事首次穿戴本次模拟的航天服，我们花了一个多小时来教他们如何避免头发被缠住、鼻子被头盔打到，或者耳机从耳朵上面掉下来。

左——准备舱外航天服和头盔时，我们用肥皂拭洗头盔面罩，以免起雾
右——南希和弗拉基米尔在舱外活动前握手
（图片来源：MDRS-5 乘组人员）

一切准备完毕，出发！我们检查了所有植物、生长箱和种子，但唯独忘了要使用的工具。在气闸舱里等了 5min 来模拟减压后，我们抵达了温室。进入温室后，我们不得不随机应变，用手头拥有的东西来完成计划。显然，我们必须更改几分钟之前我们还引以为傲的演练

过程。这清楚地表明，没有什么方式可以取代真实条件下的现场试验。尽管人们可以充分发挥各种想象力，但总有一些细节是科学家或工程师也无法预见的。因此，如果我们想在几年后，比如约 20 年后，前往火星并在火星上工作，那今天的这种模拟是必不可少的了。

我想告诉你，在被太阳晒得火热的温室里，要用仿真的舱外活动手套（不如滑雪手套灵活）一个一个地播种直径约为 1mm 的种子可不容易了。但是，我们在一个多小时后就完成了这项工作：所有种子都播种完毕，也浇好了水。工作完成了！

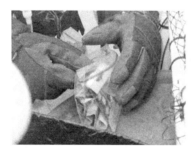

首次舱外活动期间的温室
左——南希戴着舱外活动手套，成功打开了装有种子和工具的塑料拉链袋
右——南希设法在岩棉垫上，用漏斗管一粒一粒地播下种子
（图片来源：MDRS-5 乘组人员）

回到栖息地后，我们向同事们汇报了情况，并让他们进行今天的第二次舱外活动。这是一次暴露于狂风中的舱外徒步探察活动。明天会有更多内容。

谈谈我们在这里的日常生活吧。我们必须把这个基地当作一间 6 人居住的房子来管理。也就是说，我们要完成所有的家务、维护等事项。我们决定每天轮流完成这些任务，或者每人每天必须负责不同的事情。我自愿成为今天的厨房操作主管（DGO），也就是完成所有厨房杂务的“可怜虫”，包括做饭、打扫、洗碗、倒垃圾等等。

为此，我给所有的“准火星人”同伴准备了一顿火星大餐，这可太难了。我试着为 6 个人准备 4 道菜，但只有两个加热盘。而且只要你尝试使用第三种电器，准能让整个电力系统瘫痪。好吧，信不信由你，反正我设法准备了一些水手号峡古美食（三文鱼吐司）、一道外星汤（呃，一种混合物!）、火星米饭配猪排（façon Olympus Mons）和水果沙拉（Lycus Sulci）。我们还在厨房的橱柜里发现了一小瓶产自哥斯达黎加的超级辣酱，这是之前的工作人员留下的（我们戏称他为"宇宙大粗心"）。我们可算尝到火星餐喽，好吧，对此我不做评论，只能说这是一段有趣的经历……

瞧瞧！这忙碌的一天终于圆满结束了。晚 22：00 左右，我完成了厨房操作主管的工作，正好有时间能完成我的每日报告。指挥官刚刚召集我们观看了去年在德文岛上的 FMARS 研究站活动的总结视频。真是充满欢声笑语的美好回忆啊！这也有助于我们了解和分析环境差异及环境对工作的影响。

明天的计划是，如果天气温和（今天下午和晚上是阴天），就用全地形车开展舱外活动考察。

那就写到这里吧！不久就该断电了，每隔 6~8 小时，研究站就会进行断电，为蓄电池充电。

那再次带上超大的"火星人"微笑，祝大家晚安，我结束了这第二天的工作。

着陆火星！

弗拉基米尔

摘自每日活动日记

指挥官比尔要求我们各自准备一本日记本，每天在上面记录日常小任务和行动，同时注明开始和结束时间。这是他正在进行的实验之一，这样能让他建立一个更好的火星工作人员的活动模型。有了日记，我们当天要完成的事项、花费的时间、优化方式便一目了然。下面的内容便是首个星期一的日记片段。虽然它读起来并不有趣，但却很有启发性，因为它可让你对每天在一常规工作日程有粗浅了解。

昨天，我担任了厨房操作主管，还完成了很多工作。我大约7：30起床，8：00~8：30吃早餐，随后作为厨房操作主管，我收拾桌子和厨房。9：00~10：00（我们决定将晨会限制在1个小时之内——如果前一天落下什么内容，那第二天补上），我们开了个会。然后，我们开始了实验工作，各司其职。

中午时分，我让南希单独在一楼实验室继续准备工作，而我开始准备午餐，也就是把东西都端到桌上。大家很快就着咖啡或茶把三明治顺进肚中。随后，我再次清理了所有东西。下午14：00左右，我回到了实验室，为我们的舱外活动做准备。我们整个下午都在工作，包括为舱外活动做准备、舱外活动、舱外活动结束后返回、任务汇报、记笔记，再把所有东西放回原位，开始记录每日报告。

18：15，我上楼开始准备晚饭，并把当天的衣物清洗干净。我用两块电热板，做了一顿4道菜的晚饭。当我想用烤面包机做主菜时，发电机就不工作了。总之，费时较多。19：45，我们坐下来吃晚饭。大约21：00，我开始打扫卫生、洗碗，直到21：40才结束。我把后气闸舱里的垃圾取了出来（它们会在下次舱外活动时弃置到合适的地方），然后回到我的小房间里写日记。比尔在22：25左右喊我们看了一段视频，视频在23：00左右结束。随后，我完成了自己的英文报告并翻译成法文，这些工作在凌晨0：30左右完成。我翻看了白天拍摄的所有数码照片，选了4张照片并配上要发的文字。我把所有的东西都转存到一张软盘上，并在1：15左右通过互联网发送出去。刷完牙之后，我在1：30左右躺到了床上。真是漫长的一天，也是我担任厨房操作主管的一天。我在3：30和7：20左右醒了两次，去了两趟洗手间。太阳已经升起，我回到床上一直看书看到8：00。然后，我快速擦澡，吃了早餐，开启新的一天。

2002年4月9日，星期二，第3天

地球人好！这是来自"火星人"的问候！

在美国犹他州的"火星沙漠"中，又是美好的一天。第三天依然非常忙碌。但首先，我想和你分享一个特别时刻，那就是我的三名

同事（比尔、南希和安德里亚）加入了舱外活动。

比尔在检查自己送话器的连接情况，南希和安德里亚在后面等待
（图片来源：MDRS-5 乘组人员）

我和扬、大卫在栖息地。我们用计算机工作，听着亚美利加合唱团 20 世纪 70 年代的一首老歌《无名之马》（*A Horse with No Name*）。另外，我们可以听到三位舱外活动同伴的对话和"嘶嘶"的无线电声音。阳光明媚，栖息地很温暖。突然间，当我在写"地球"的时候，我被这首谈论沙漠的歌曲和舱外活动的无线电噪声所吸引。这一刻，我感觉自己仿佛已在火星之上从事探索工作了。这种感觉真好！

嗯，就像开头讲得那样，又是忙碌的一天。我早起读完了祖布林的《首次降落》（*First Landing*）一书（非常好！），并开始阅读另一本关于生物进化的书。早餐之后，我们进行了传统的晨会，讨论了当天的活动。今天我就不去参加舱外活动了，相反，我的首要任务是在大卫的帮助下解决互联网的连接问题，目前互联网还无法正常连接。如果要解释我们依赖的不同系统，那可得写个长篇大论，总之并非所有事情都能按照预料的那般稳步推进。大卫是当天的厨房操作主管，我们在午餐时间吃到了"火星登陆者"三明治（金枪鱼配红辣椒、芹菜和泡菜）。味道还不错。它能填饱任何火星探险者饥饿的肠胃。

在扬的带领下，我们处理了其他杂事，如设置我们的 GPS。如果你想知道，我可以告诉你火星沙漠研究站栖息地的坐标为 UTM 12S 0518236 4250730，海拔为 1378m，理论精度为 5m（基于 6 颗卫星的测量值）。有了这些数值，开展舱外活动时，我们就不会迷路了。

扬（站在二楼）和弗拉基米尔（躺在卧室上方）在设置各自的 GPS。无论你信不信，这两个设备的差异居然有几米！

（图片来源：MDRS-5 乘组人员）

事实上，之前所有的火星沙漠研究站工作人员都要依靠 GPS，它们为沙漠中感兴趣的地方标记了 100 多个航点。我们乘组的一大目标就是重访其中的一些地点，以此评估再次找到这些地点的可能性，并收集其他样本。但这里存在一个问题，即第一批火星航天员该如何找到他们的路。他们肯定需要一个类似 GPS 的火星导航系统。我们已经在考虑把类似 GPS 的发射器安装到火星轨道飞行器上，为人类的下一步探索做好准备，这会是个有趣的想法。

我们和扬一起完成的另一项工作是给发电机加油，每天三次。出于安全原因，这显然是一项非模拟火星环境的活动，以避免油料溢出，以及发电机操作受阻。但火星上的探险家们就不必这样做了：他们可以利用小型核反应堆，或者以火星大气中二氧化碳产生的甲烷为燃料的发电机。

弗拉基米尔为发电机加油；注意他的护目镜和手套
（图片来源：MDRS-5 乘组人员）

今天舱外活动考察的目标是寻找两个地方：第一个是能间断性受潮的地方；第二个是能暴露在阵风中的地方。我们想从这两个地方收集土壤样本，并在实验室开始培养生态系统。我们的生物学家南希一直坚持的想法是，验证是否能通过火星的风来运送潜在的火星细菌类生物。今天的天气支持了这一想法，因为风很大，阵风超过 50km/h，红色的沙漠尘埃到处飞扬。

今晚的厨房操作主管答应为我们提供一顿世界上独一无二的烤肉，那我的第三天就写到这里啦，我可不想错过这顿美味。

致以"战神阿瑞斯"的晚间问候。

着陆火星！

弗拉基米尔

附言

大家好！

我今天感觉棒极了，真是充实忙碌的一天！今天的网络连接仍不太理想，我能访问欧洲航天局（ESA）的外网，但无法访问欧洲航天局的电子邮件系统。所以，如果你给我发了邮件，请耐心等待，最终我会回复。如果的确有紧急的事，请用这个电子邮件地址回复。但请注意，这是所有工作人员和加利福尼亚的任务辅助团队的共享地址（多人共用），所以邮件内容请务必保持简洁，并确保你在主题栏里写上我的名字。

照片会以并行邮件发送。

致以诚挚问候。

弗拉基米尔

2002 年 4 月 10 日，星期三，第 4 天

地球人好！这是来自"火星人"的问候！

今天真是极不平凡的一天！因为今天早上在我们犹他州沙漠的火星沙漠研究站中发生了一件超让人兴奋的事情！我们的种子在播种后不满 48 小时就开始发芽了！生命的奇迹再次发生了！这是不寻常的！当然，世界各地每天都在发生这样的事情：给地里的种子浇水，让种子发芽。但在我们的实验室里，在这个与世隔绝的栖息地研究环境中，它看起来非同寻常。事实上，苜蓿、塌棵菜、芝麻菜和萝卜种子都种在实验室的岩棉托盘里，它们一夜之间就开始发芽了。

种植在栖息地岩棉托盘中的种子（中下方）初次发芽。太棒了！

（图片来源：MDRS-5 乘组人员）

如果观察盆栽土盘里的种子，我们还看不到任何东西，这很可能是因为它们在土壤中埋得很深。只要有变化，我会随时把它们的生长情况和其他种子的情况告诉你。我们希望能在十天后的轮调期结束前吃到这些植物。

今天早上，我洗了近几天来的第一次（近乎）真正的热水澡。太舒服了，仿佛把我带回到了人类世界。

后来，我终于成功地接通了工作用的电子邮件系统，真是现代技术的奇迹啊！为什么花了这么长时间才接好呢？罪魁祸首是栖息地的网络有一处接触不良。我们花了两天时间才定位到这个故障点。除了安德里亚的计算机外，其他人员的能上网了。

安德里亚在使用栖息地的计算机查看邮件

（图片来源：MDRS-5 乘组人员）

我开始翻看自己的邮件。13 岁的儿子给我发来了一段录像。真叫人难以置信，现在年轻人小小年纪就能熟练使用如摄像头之类的各种电子设备了。

来自"外太空"的一则视频信息

（图片来源：弗拉基米尔·普莱泽）

　　家里一切都好，我儿子想知道还能帮我们做些什么。我告诉他，如果他能在网上搜索一些航天员如何打扫研究站，以及与我们日常琐事相对应的事务，那就太好了。

　　后来，我们还和南希一起整理了生态数据记录器。在半舱外活动模式下（也就是只戴氧气头盔来模拟），我们把它安装在了栖息地。

南希在展示温室中的生态数据记录器
（图片来源：MDRS-5 乘组人员）

　　经过前两天的忙忙碌碌之后，我们的指挥官，也就是当天的厨房操作主管，为午餐方式上重新设置了一些严格的规定，我们又回到了自制火腿奶酪三明治的行列。但没有人抱怨。

　　今天舱外活动的目的是重新探索 GPS 航点，这个航点是之前的工作人员为地质调查目的而设立的。在这次舱外活动中，我们还要完成一些其他的任务。安德里亚是本次任务中的地质学家，她和我一起被分配到这趟舱外活动中。当我们乘坐全地形车离开时，风又大了起来，几乎像是风暴。我们不得不把火星旗（蓝、红、绿）带回舱内。我们在栖息地周围找了几个 GPS 航点的坐标，随后设定了前往坎多耳峡谷（Candor Chasma）的路线。这真是个非同寻常的地方！

事实上，栖息地在沙漠的环绕之中。但这片沙漠并不千篇一律、枯燥乏味，而是恰恰相反，就像图中一样，这里色彩丰富，各种奇特景观层峦叠嶂。穿过这片只有红色尘土和岩石的平原，我们抵达了坎多耳峡谷。这个地方是根据真实的特征命名而来。这片巨大的峡谷像是在火星上，实际却在地球上。它深约50m，中间有一座小山被不同颜色的水平地质层分开。

左——犹他州沙漠中的坎多耳峡谷

右——弗拉基米尔在测量 GPS 坐标

（图片来源：MDRS-5 乘组人员）

左——诺布山，靠近坎多耳峡谷

右——红色的沙尘和岩石

（图片来源：MDRS-5 乘组人员）

我们可以在这里看到很多这样的景观，这与我们所知的火星表面非常相似，因此这里是火星任务模拟的最佳地点之一。我们无法精确定位到我们要寻找的航点。在距离航点约 800m 处，我们被一个不可逾越的障碍物挡住了，可能得走另一条路。由于风暴变得越来越强，我们被命令返回栖息地。在返程途中，我们先后被卡在了沙地里，一开始是我被卡住，然后是安德里亚。

左——安德里亚在红色的沙尘中行驶

右——安德里亚驾驶的全地形车卡在沙地里

（图片来源：MDRS-5 乘组人员）

还好，在狂风暴雨来临之前，我们及时赶回了研究站。这场沙漠中真正的雷雨让我相当印象深刻。空气中充满了静电，我们还在栖息地靠近避雷针的地方看到了“圣艾尔摩之火”（一种冷光冠状放电现象）。当时我们正品尝着厨房操作主管做的晚餐（意大利面条和豆子沙拉），这一切就那么发生了。太棒了，真是个好日子。为了维持火星般的氛围，今晚我们观看了《红色星球》（*Red Planet*）（不太好看）。还好，它完全没有提到征服火星的方式。好了，这是来自犹他州的火星模拟基地的晚安，向所有人致以“火星人”的问候。

着陆火星！

弗拉基米尔

附言

大家好！

今天又是精彩的一天，但依然有很多事情要做。今天凌晨1：30，我们的卫星服务器又坏了。现在已经过了凌晨2：00，夜很深了。我就简单记录一下吧。我的数码相机电池用完了，但我没有充电器，明天只能借用别人的相机了，希望能有个充电器。我终于可以连接到欧洲空间研究与技术中心的电子邮件系统了，一切回到了正轨。我会在未来几天开始回复所有邮件。

照片会以并行邮件发送。

致以诚挚问候。

弗拉基米尔

摘自每日活动日记

今天和安德里亚一起进行的舱外活动完成得很好。我们在20：00左右回家，晚餐已经很晚了。在此期间，我设法开始记录我的每日报告。10：30—12：15，我们观看了一部很难看的电影。随后，我尝试写完自己的报告。凌晨1：15左右，我和扬去给发电机加油。凌晨2：00左右，我终于完成了报告并试着连接到办公室的电子邮件系统来发送报告和照片。传输速度极慢，这不足为奇，因为我的连接要和欧洲所有邮件流量一起竞争。2：30左右，附带文字的电子邮件发送成功，但附有照片的邮件发送失败。重新发送45min后，依旧发送失败。我决定不再等了，3：30的时候我一头倒在床上。6：15，我醒来上厕所，然后又睡着了，8：00才醒。我在床上待到8：45，快速吃了早餐；9：00参加晨会。我在11：40写下这篇文章，但还没来得及洗漱。时间过得太快了，要做的事情太多了。但我依然觉得自己在参与一件伟大而富有魅力的事情。

2002 年 4 月 11 日，星期四，第 5 天

地球人好！这是来自"火星人"的问候！

一切都在稳步推进，生活充满乐趣，时刻都有新发现，真是令人

兴奋。有个好消息要与你分享，客厅的盆栽土壤托盘中出现了 22 株新的嫩芽，我们昨天观察到的它们的"哥哥姐姐们"也长得很好（长得最好的嫩芽已超过 10mm）。但是，温室里它们的"表兄妹"似乎长势略慢：只有少数几株接近客厅中的嫩芽。

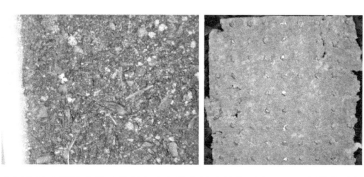

在栖息地客厅的盆栽土壤托盘中和温室的岩棉垫子中，已经有嫩芽冒出

（图片来源：MDRS-5 乘组人员）

在过去几天里，我们还讨论如何举办"尤里之夜"。这场活动将于 4 月 12 日星期五举行，纪念世界上首位航天员。全球多地都有相应的聚会，包括航天飞机上和其他"太空"场所也会举行庆祝活动。我们打算在这一时刻举行自己的庆祝活动，并邀请你来加入。不过可惜的是，只能邀请你在思想和精神上加入，庆祝 41 年间人类在太空事业中取得的成就。

今天，我想给大家多聊聊我们在火星沙漠研究站的日常生活。首先，我们来快速参观一下这里。我们的栖息地是一个直径为 8m、高为 6m 的圆柱形结构。它共分为两层。一楼有两个气闸舱，分别位于栖息地的前面和后面；还有一间舱外活动准备间和一间被细分为生物区域和地质区域的大型实验室；此外还有一间小型浴室/洗涤室和一间洗手间（没错，你猜对了）。我们会通过陡峭的楼梯进入二楼。圆形二楼的一半区域是公共生活区，有个小开放厨房、一个半圆形工作台（所有计算机都安装在这里）和一张六人桌。我们在这里一起吃饭，一起举行会议。另一半区域被划分为六个小卧室，其中一间房间的床铺会与另一间房间的床铺上下交错布置。卧室上方还有一个额外的贮存空间，天花板中央有一个圆形舱口。东面和南面有两个圆形窗户，还有许多采光用的小窗。

栖息地一楼的视图

左上——主气闸舱　右上——舱外活动准备间

左下——实验室的生物区域　右下——第二间后气闸舱和左边的浴室门

（图片来源：MDRS-5 乘组人员）

在接下来的两周，这就是我们乘组人员的家。坦率地说，这里相对还比较舒适宽敞。我们一般很忙，互相不会碰面。事实上，我们也没有个人空间的问题。

我们一般在哪里工作

左上——安德里亚在用研究站的计算机工作

右上——比尔（中）和大卫（右）在各自的房间里工作

左下——南希在客厅的圆桌上用计算机工作

右下——扬作为当天的厨房操作主管在厨房里清洗餐具

（图片来源：MDRS-5 乘组人员）

　　我们还参与了一些长期实验，比如评估消耗的水量和肥皂数量。虽然饮用水和烹饪水没有使用限制，但按照要求，我们得尽量避免将太多的水用于清洁和洗涤。我很享受昨天早上的首次 30s 淋浴，那让我感到无比舒适。我们还收到了 80g 美国国家航空航天局特制肥皂，能用大概两周。这种肥皂无色无味，但泡沫非常绵密，用手指尖上蹭几毫克就够用了。

　　今天共有两次舱外活动。在第一次舱外活动中，南希安装了一些收集装置来收集沙尘，希望能找到空气中的活性微生物。在第二次舱外活动中，比尔、大卫和我乘坐全地形车去寻找两个航点。途中，我们发现了由美国国家大地测量局安装的大地测量点，将 GPS 坐标取到小数点前，发现与记录一致。我们还发现了令人叹为观止的景色，这里布满了峡谷和山丘，色彩斑斓、漫无边际，这是多年来侵蚀和地质岩破碎的结果。所以，眼前的景色一片荒凉，光秃秃的，仿若随时会有只恐龙从中跳出。

远处的亨利山（Henry Hills）与右侧的天际线脊（Skyline Rim），
景色令人叹为观止
（图片来源：MDRS-5 乘组人员）

奇景之间，生活仍在继续。我们每天开展实验观察，撰写报告，进行舱外活动探险，并在用餐时分一起探讨太空和火星探索。这里真是太适合科学家们聚会了！南希刚刚用显微镜向我们展示了她在岩石中收集到的一个未被识别的生物体，它被困在结晶结构之中。

南希在一楼的生物实验室里工作
（图片来源：MDRS-5 乘组人员）

今天傍晚日落时分，天空异常晴朗，我向其他工作人员展示，从屋顶舱口，用双筒望远镜向哪个方向观察，可以观测到可见行星。我们可以清楚地看到金星和它的相位、木星和它的卫星、土星，还有一颗双星。简直太棒了！

扬是我们今天的厨房操作主管，他正在为我们准备坎多耳峡谷鸡肉炒饭和威尔斯的"薯饼之战"。在这个都是科学家的"天堂"，你还能期待什么呢!?

一起去摘星星吧！它们并不遥远！

着陆火星！

弗拉基米尔

附言

大家好！

又是精彩的一天，但我有点累了，所以我会尽量比前几天早点睡觉。

我的数码相机还没有电池可用，我只能用指挥官的相机了。

到目前为止，一切进展顺利，但我还是想用自己的相机。发送本封电子邮件的同时，我还发送了一封附带照片的电子邮件。

致以诚挚问候。

弗拉基米尔

摘自每日活动日记

今天下午，我与比尔和大卫一起去寻找两个 GPS 航点，这是一趟很有的舱外活动之旅。当然，我们并没有找到航点。不过，我们发现一个大地测量点，欣赏了一段迷人的景色。继续往前，我们在 WP14 航点发现了牛群和牛仔。我们决定折返，也许走得太远了……回到栖息地，我们在日落时分观察行星。简直超级酷！

虽然我决定要早点睡觉，但仍熬到了凌晨 2：00 才写完每日报告并发送完毕。凌晨 1：00，我和扬一起去给发电机加油，和已经睡着的安德里亚换班。凌晨 2：00，我上床睡觉，期间醒了两次，去了趟洗手间。我在 8：30 起床，发现发电机的熔断器[⊖]断开了。早餐之前，我和安德里亚一起把它复位。

2002 年 4 月 12 日，星期五，第 6 天

地球人好！这是来自"火星人"的问候！

今天是个特殊的日子。几十年前，一位勇敢无畏的年轻人挑战自然规律，踏上了首次地外旅行。我们都在以某种方式追随着他的脚步，为了人类能在其他星球上开阔视野、丰富知识，甚至是生存下去，我们都在做着准备。

今晚，我们庆祝"尤里之夜"，为他和其他为开辟这一新领域而献出生命的太空旅行者，为航天员在 41 年间取得的所有成就，为人类未来能够踏上其他星球上，让我们一起举杯。

为"尤里之夜"干杯。从右到左，前排为比尔、安德里亚、
大卫，后排为扬、南希和弗拉基米尔
（图片来源：MDRS-5 乘组人员）

⊖ 原文为 fuse，但从上下文描述来看，可能是指空气断路器（air circuit breaker）。
——译者注

今天晚上我们享用了一顿特别的晚餐，这是由今天的厨房操作主管南希准备的。她首次使用了从我们温室里收获的一些香草（百里香、薰衣草和细香葱），为我们晚餐奥林帕斯山的牛肉盛宴调味。

左——边用餐边开会，从左到右分别为大卫、弗拉基米尔、
扬、安德里亚和厨房操作主管南希
右——厨房操作主管南希在准备晚餐
（图片来源：MDRS-5 乘组人员）

对太空探索有着同样兴趣和热情的人们而言，这样的夜晚是独一无二的。我们还观看了一部太空电影——《2001 太空漫游》（*2001: A Space Odyssey*），因为它最适合这个特殊的夜晚。

好了，今天的其余时间也都进行顺利。今天天气多云，相对较冷，大约 15℃（约 59℉）。天气预报说几天后天气会更差（甚至说是雨夹雪天气）。我们走一步看一步吧。

我们种植的各种植物都长势良好。栖息地客厅里的萝卜和苜蓿都长得又快又好。昨晚，我们从那些簇拥在一起、无法完全成熟的植物中采集了少许用作样品。楼下实验室里的其他植物也长得很好。但令人惊讶的是，它们在温室里的"表亲"们却没有那么好的表现。这可能是因为温室里的温度和湿度不如实验室里那么理想。

第 5 天的室内植物景象

（图片来源：MDRS-5 乘组人员）

我们也有一些技术上的惊喜，有好有坏。好消息是安德里亚的计算机终于连接完毕并能正常工作了。坏消息是今天早餐时分发生了一桩"悲剧"：发电机的一个熔断器断开了。两名值班人员，也就是安德里亚和我，不得不在半梦半醒之间去重新安装（这可不就是悲剧?!）。还有一件坏事就是洗手间堵住了（"洗手间的水都是我悲伤的泪……"南希哼唱道）。你们不会想听这个故事的。去年在北极我们就发生过了类似事情，但仍然令人不快。还好，我们的健康和安全专员扬·奥斯伯格用锤子和扳手解决了问题。

换件高兴的事情聊聊吧。我们今天的舱外活动又是精彩纷呈。指挥官比尔·克兰西、地质学家安德里亚·福里和记者大卫·雷

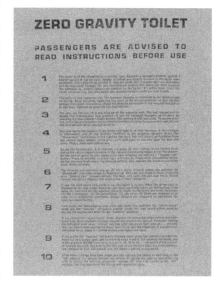

不予评论

（图片来源：MGM/MDRS-5 乘组人员）

亚尔首先乘坐全地形车，取回昨天由我们的生物学家南希·伍德安装的空气采样收集装置；其次，我们对很多有趣的地质地点进行了拍摄记录；再次，我们观察到了1.4亿年前白垩纪时期的古海底的牡蛎化石。我们拍摄了许多照片，并把它们放在了火星学会的沙漠研究站的网站上。

左——多彩的地貌
右——安德里亚远眺亨利山
（图片来源：MDRS-5乘组人员）

左——大卫和安德里亚攀登牡蛎山（Oyster Hill）
右——牡蛎山顶
（图片来源：MDRS-5乘组人员）

由于没参加本次舱外活动，因而我有时间能赶出一些报告。我准备了一份科学总结报告，它与生物学、天文学及火星任务前四天的地球物理学活动相关。因此，和昨晚的派对相比，这是安静的一天。

在沙漠栖息地的这片宁静中结束今天的记录吧，它总让我们想起未来的火星。

致以"火星人"的问候。

着陆火星！

弗拉基米尔

附言

今天相对比较安静，但还有个很棒的派对在等着我们。因此，我会尽快写完这封信。我的数码相机仍然没电，我还借用着比尔的相机。由于明天是星期日，我可能不会写信，这取决于我明天的心情和勇气了。另外，照片如下。

致以最诚挚的问候。

弗拉基米尔

摘自每日活动日记

纪念尤里的一天。今天我没参加舱外活动。我留在栖息地完成我的科学报告。19：45 的时候，我们向尤里敬了第一杯啤酒，然后享用了南希为我们准备的丰盛晚餐，还有为之准备的葡萄酒。22：30，我们一边吃饭，一边成功发送所有报告。11：00—12：40，我们观看了肖恩·康纳利的电影 DVD《九霄云外》（*Outland*）。另一张《2001 太空漫游》的 DVD 找不到了。

大约凌晨 1：00，我与安德里亚最后一次为发电机加油，还把栖息地顶部的水箱注满。结果水泵坏了，我们不得不考虑其他解决办法。我和扬一起把水泵拆开，结果发现它无法修复。最后，我在 2：30 上床休息，分别在 4：00 和 6：00 醒来两次。最后，我在星期六早上的 8：15 起床了。

2002 年 4 月 13 日和 14 日，星期六和星期日，第 7 天和第 8 天

地球人好！这是来自"火星人"的问候！

这个周末的前半部分非常有趣。我们先是在星期六上午遇到了一个小危机，使我们意识到，水资源储备在本周末前就可能耗尽。我来解释一下。我们的两大补给品——水和燃料还需依靠外部供给。这两种材料都是由当地供应商从最近的村庄（离栖息地约20km）运来的。如果要订购这两种补给品中的任何一种，我们要通过电子邮件将订单发送给加利福尼亚的任务控制中心，然后由其与供应商联系。我们在星期四补给了燃料，但没有补给水。因此，我们打算整个周末都不用水了。星期六上午，全体工作人员一起下楼抬起这个直径为 3m、高为 1m 的圆柱形水箱抽走了最后 1L 水。可真不容易啊。我是想让五个人一起抬起水箱，但没有成功；比尔想让水箱向侧面滚动。经过几番修改后，终于奏效了。我们从这个赖以生存的 2.5t（装满后）的水箱中抽出剩余的几升水。我们还设想了一些应对方式，如不再洗衣服，也不再洗碗。我们还遇到了另一个问题：前一天晚上，小水泵意外坏了，这个小水泵能把水从大水箱抽到栖息地顶部。这样一来，我们没法从几乎空了的水箱中抽出剩余的水了。形势看上去很不妙啊。

　　尽管如此，我们可是一群探险家！我们决不能偏离我们的行动计划！我们前一天决心要开展一趟雄心勃勃的舱外活动探险——重访并探索之前的航点。这就是我们要做的事情！扬、大卫和我一起仔细研究了地图，将之前的所有航点都记录在我们的 GPS 上，还计划好了本次探险的内容。吃完简餐后，我们穿上了舱外航天服，准备在下午早些时候出发。我是本次舱外活动的指挥官。我们乘着全地形车把方向定在北方，然后转向西方。我们希望能找到地图上标出的泥地，但失败了。我们被带偏到了山丘和峡谷之间，这里风景壮观、非同寻常。虽然错过了第一个 GPS 航点，我们还是找到了所有其他的航点。我们走的一些路段使我们想起了《星球大战》（*Star Wars*）中卢克·天行者（Luke Sky）走过的路，要么是沿着多层峡谷底部的古老河床，要么是在沿着峡谷边缘的山丘上上下下。我们还在另一个地区发现了一个未知的白垩纪牡蛎化石场，这与我们的同事几天之前在另一个地区发现的类似。真是令人难以置信！但这仅仅是我们行程的第一部分。当我们回到"主路"〔一条名为洛厄尔公路（Lowell Highway）的土路〕后，我们的下个目标是继续探索，找到一条通向河流的新路。在路上，我们设定了几个 GPS 定位并依次命名了路上的一些特征，如"迪米特里角落"（Dimitri's corner）（在洛厄尔高速公路上）或"抱子甘蓝"（brussels sprout）（我们攀爬过程中的一座小山）等。我们最终找到了那条被称为"泥溪河"（Muddy Creek）的河流，还来到了悬崖边上。从那里，我们可以看到世外桃源般的风景，这很可能是恐龙所享受的风景。我们从那里开始原路返回，开始我们的第三个目标：准确找出地图上标明的水景。我们找到了这片水景，但它不是地表水，而是一个地下水库。我们是怎么发现它的呢？它是一片小绿洲，在满是岩石和沙子的沙漠上，突兀出现几株树木和灌木。我们的假设很快得到了美国地质调查局的证实。地质调查的结果表明：这是一个天然的地下水库。我们为我们的生物学家收集了一些该地区的土壤样本。在沙漠中行驶了四个半小时后，我们终于回到了栖息地。这可真是令人难忘的经历啊！

一次伟大的舱外活动探险途中
左上——测量与记录航点相关的位置　右上——停留在美国地质调查局
的地标之前　左中——"UFO 着陆点"　右中——"迪米特里角落"
左下——"抱子甘蓝"　右下——"泥溪河"
（图片来源：MDRS-5 乘组人员）

在此期间，供应商来取走了水箱，回来时已经加满水了。那现在剩下的唯一问题就是水泵了。由于无法立马解决，我们决定用手提水，我们6个人组成一个链条，一桶接一桶地装了250L水。这一天真是太累了！

星期日早上，指挥官决定允许我们拥有自己的"个人工作日程"，相当于在暗示我们，可以自由地做自己想做的事情，真是太好了。我可以享受属于自己的第一个夜晚和海绵浴。因为水泵问题造成了新的用水状况，再想来一次 30s 淋浴是不可能了。但海绵浴也没那么糟糕，你可能无法想象，仅用一杯冷水和一块海绵也能把自己洗干净。作为今天的厨房操作主管，我为今天的早午餐准备了炒鸡蛋和培根，然后我们设定了下午的演练情节。今天下午，我们将测试对受困火星工作人员的任务辅助能力啦。我们的计划很简单：两组模拟舱外活动同时进行，一组舱外活动是由三个人去取回生物样本，另一组舱外活动是两个人在温室里；之后，意外发生了，第一舱外活动小组在沙尘暴中失散了，而第二舱外活动小组因为门链堵住而被困在温室里；除此之外，由于全面停电，栖息地剩余人员（由指挥官扮演）离开无线电台，去修理发电机。因此，只留下任务辅助部门来远程协助每个人。好吧，在本次模拟过程中，由于我们笑得太过开心，任务辅助部门最终也觉察出其中可能有"猫腻"。这次来自火星的"玩笑"实际上是很好的培训课程，它让任务辅助部门意识到整个任务场景和组织中的问题所在。

我们的"伊甸园"传来了好消息：萝卜似乎在以指数级的速度生长。星期六，最高的一株萝卜茎长到了 4.4cm；而星期日晚上，它达到了惊人的 7cm。

在栖息地的生长盘中，令人难以置信的 7cm 高的萝卜茎

（图片来源：MDRS-5 乘组人员）

我准备的晚餐是舍伯利鸡肉炒饭和战神米饭沙拉，所有在场的"火星人"都很喜欢。我们最后还欣赏了一部电影，也就是翻拍版《沙丘》（Dune）的前半部分（到目前为止还不错），这是另一个无水世界的故事。

在这片丰富多彩、生生不息的星球上，祝你在地球上享有一个安宁的火星之夜。

着陆火星！

弗拉基米尔

附言

大家好！

这是一个愉快的周末，星期六充满了冒险，星期日很安静。

我的数码相机仍然没有电。文字和照片会附在后面。

来自"火星人"的诚挚问候。

弗拉基米尔

摘自每日活动日记

我在星期六早上的8：15醒来。在洗漱、刷牙、吃早餐之前，我先去看看是否能采用另一种解决方案来清空水箱。9点多的时候，我回来吃了点早餐。在所有工作人员的齐心协力下，我们在9：40左右把水箱升了起来。我的最初方案未能奏效，而比尔的想法是把水箱倾斜，再用虹吸法排空水箱。10：30左右，南希和安德里亚一起在做这项工作，而扬和大卫一起为舱外活动巡航做准备，直到12：30的午餐时间。用完午餐后，大家在13：45左右开始准备舱外活动并在14：15离开气闸舱。14：30扔完垃圾后，大家乘着全地形车一起出发，18：55才返回。19：00我们出了气闸舱。

今天我没写每日报告，但明天我会补写一份。我想在晚上写点其他东西，然后再试试发送这份科学报告。我花了不少时间来压缩照片文件，最后按照PDF格式才发送成功。午夜时分，一辆车来了，车上有三个显然是喝醉了的年轻人。他们在栖息地转了转。当时，我们和扬本想干预，但他们在00：40左右自行离开了……

2002 年 4 月 15 日，星期一，第 9 天

地球人好！这是来自"火星人"的问候！

当我在写这篇文章的时候（星期一中午），我们正处于一场很严重的"火星沙尘暴"中，风速高达 80km/h。这听起来不可怕，但当你身处其中，直面沙尘暴时，真的是不见天日，到处都是灰尘，四周都是。我们不得不加固南面的窗户，它面临着南风的全面吹袭。整个栖息地都在吱吱作响，摇摇晃晃，我们不知道它能否承受住这场强风。

从栖息地窗口看到的沙尘暴
（图片来源：MDRS-5 乘组人员）

今天早上在沙尘暴来临之前，我去检查了温室，发现灌溉用水已经不多了。我们的植物长势良好。最高的萝卜茎现已从令人震惊的 7cm 长到了 8cm，而这一切才过了不到 12h。我们对两个萝卜进行了取样，虽然还没看到任何红球，但我和安德里亚一起尝了尝萝卜的茎叶，味道很好。在实验室里，我和南希一起检查了其他植物，还取样做了道芝麻菜沙拉，味道也很好！

左——安德里亚在填写植物生长表　右——弗拉基米尔在测量萝卜的茎
（图片来源：MDRS-5 乘组人员）

　　我们刚吃完午餐，今天的厨房操作主管大卫准备了沙暴汤（只要把黑胡椒研磨成粉再扔进汤锅里，你就知道啦！）和红烧金枪鱼玉米饼。你大概能猜出来大卫来自得克萨斯州。我们仍计划今天下午去开展舱外活动，但在查看了卫星收到的天气图后，我们感觉最好还是等一等，因为已经发出雷暴和强风预警了。

　　现在是晚上 19：00。好吧，我们最终还是开展了舱外活动。我们最初计划了两次舱外活动：一次是靠近栖息地的生物样本回收；另一次是用全地形车进行探索。我们的生物学家南希·伍德和我一起参加了第一个舱外活动。我们在靠近栖息地的地方收集了土壤样本来评估人类活动对环境造成的细菌污染。我们计划收集 6 个样本，这看起来十分轻松，只用跪在地上把小瓶子装满就可以了。没错，但这份轻松的前提是，你不用穿 20kg 的舱外航天服，也不必身处时速 80km 的沙暴中。我们进行了第一次尝试，但装着空瓶的塑料袋被吹走了。别想着穿着舱外航天服跑步去追，那不现实。因此，我们决定放弃第一次尝试，返回基地。我们重新调整了舱外航天服和口袋里的东西，把所有的东西都拴住了，然后重回"地狱"。虽然我们这次花了更长的时间，大约是预期时间的两倍，但最终成功了。毋庸置疑，这绝对是一次很好的训练，也很好地模拟了在火星沙尘暴中的舱外活动。毕竟火星上的沙尘暴可能会持续数周甚至数月，第一批工作人员外出进行舱外活动时将不得不面对这样的情况。

左——沙尘暴中的栖息地，正面是弗拉基米尔
右——和南希在沙尘暴中尝试收集土壤样本
（图片来源：MDRS-5 乘组人员）

　　回到栖息地后，我们闻到了一种奇怪而又隐约熟悉的味道。不是，这次绝不是厕所，而是新出炉的面包。没错，我们的厨房操作主管大卫让安德里亚带来的面包机开始工作了，我们的桌子上放着新鲜的热气腾腾的面包。

　　我们一起生活、一起工作，目前已经度过了一周，彼此之间形成完美互补。我们的关系没有剑拔弩张，相反，总是充斥着欢声笑语。今天可能有些不好过，因为狂风一直吹个不停，但这似乎并没有对我们造成太大的影响。我们用扬声器播放艾尔顿·约翰和布鲁斯·斯普林斯汀（厨房操作主管有权决定当天的播放种类）的音乐，让我们在阵风的节奏中摇摆。雨来了！它才刚开始下！它肯定会冲走到处积聚的沙尘。

在栖息地工作
左——舱外活动之后，我们每个人都在客厅中各占一席
（从左起分别为南希、弗拉基米尔、安德里亚、扬）
右——圆桌顶部的俯瞰图（从左起分别为扬、安德里亚）
（图片来源：MDRS-5 乘组人员）

　　今晚的菜单上有奥菲尔·查斯玛猪肉拼盘、"尘土飞扬"的行星面包、红色"火星"青豆和法士达。另外，我们还等着今晚观看《沙丘》的后半部分。总而言之，在火星沙尘暴下，在我们这艘摇摇晃晃的飞船上，我们一切都好。

　　来自火星的祝福。

　　着陆火星！

弗拉基米尔

附言

大家好！

这是一个尘土飞扬的日子，沙尘暴很严重，但"火星"上一切都很平静。照片会附在后面。

致以"火星人"的诚挚问候。

弗拉基米尔

2002 年 4 月 16 日，星期二，第 10 天

地球人好！这是来自"火星人"的问候！

经历了昨天的沙尘暴之后，今天的天气要凉爽美好多了。凉爽是因为温度降到了 15℃（59℉），美好是因为有蓝天和阳光。今天早上我睡过头了，9 点多才起床，正好赶上晨会，但错过了早餐。这也表明我们这里很忙。昨天我再次完成了我的报告，并通过互联网为欧洲航天局完成了一些额外的工作，一直忙到深夜。上午我又花时间写完并修正了之前的舱外活动报告和科学报告。

鉴于天气变化，我们决定今天来一次探索性的舱外活动，安德里亚、扬和我将尝试在不同的地点取回一些生物样本的收集器，并尝试采用新的方式去河边为我们的生物学家收集泥土样本。我们的指挥官比尔·克兰西快速准备了一顿午餐，吃完后，我们穿上了航天服，我尝试一种新的方法以便能在没有任何帮助的情况下完全独自一人穿上航天服。我们在 15：00 离开了栖息地并取回了栖息地附近的第一个集尘器。重新竖好火星旗后，我们骑着全地形车，沿着洛厄尔高速公路向北行驶。我再次担任舱外活动指挥官。我们在途中利用随身携带的 GPS 测量了几个航点，但每个仪器上的读数仍有差异。我们还给地质学家安德里亚拍了一些有趣的照片，主要是岩石和各种地质层。我们途径了"迪米特里角落"和"抱子甘蓝"的标志，再往 66 号公路（Route 66）的标志前进。从那里，我们转向西边并尝试一条通往河边的新路线。土路很快就到尽头，前面的岩石间，分出几条岔路，我们一一探索。在碰见死胡同或悬崖无法继续前进时，我们就用 GPS 定位。我们决定返回"抱子甘蓝"，从那里尝试不同的道路，但无济

于事。我们又原路返回，回到"迪米特里角落"，走另一条通往西边更远的大地测量点的土路。这是典型的探险活动，你在地图上看到了想去的地方，但不知道如何到达，因为没有现成的路线，而且还经常遇到无法跨越的地物。

在舱外活动期间，我们在途中遇到的两处类似火星的景观
（图片来源：MDRS-5 乘组人员）

左——安德里亚在弗拉基米尔的面前用她的 GPS 辨明方位
右——安德里亚和扬在 Y 形峡谷交汇点
（图片来源：MDRS-5 乘组人员）

　　从大地测量点出发，我们转向北方沿着主峡谷前进，先是沿着峡谷顶部的一条小路前进，随后逐渐沿着不同的道路往下，最终抵达了峡谷。我们沿着峡谷的道路前进，这让我们想起了天行者卢克遇见欧比·万（Obi Wan）的地方。我们继续沿着峡谷的道路前进，通过了之前无法再前进的地方。我们把这一点称为 Y 形峡谷交汇点，因为两条峡谷交汇在一起，几乎无法通过。好在我们最终找到了一条路，继续在更加壮观的风景中前行。

　　我们在峡谷的尽头找到了通向河流的通道，最后来到了一片河滩。我们为找到河流而感到高兴和欣慰并收集了两个泥样。我们决定过河去探索它的另一边。

安德里亚和弗拉基米尔在河边采集泥样本
（图片来源：MDRS-5 乘组人员）

我们开车逆流而上，很快就来到了我们无法用全地形车攀登的岩层面前。我们不得不再次渡河。在本次探险中，我率先尝试通过，虽然最初的几米很顺利，但我很快就意识到为什么这条河流被称为泥溪河：我的全地形车后轮被卡在了泥浆中，开始越陷越深。没错，这和北极那次经历一样。我再也无法前进或后退了，发动机也停了下来。我迅速通过无线电与扬和安德里亚制定了一个救援计划，让他们回到我们最初穿越的地方，再穿越回来，在另一边会合。幸运的是，扬的全地形车上带了一根长绳子。我们把绳子系在两辆全地形车上，让扬把我拖出了那个泥坑。一旦安全抵达河中央的一个小岛上，我就可以重启发动机，完成横渡。

左——弗拉基米尔的全地形车卡陷泥溪河中
右——深陷的全地形车被扬的全地形车拖出泥坑
（图片来源：MDRS-5 乘组人员）

　　本次救援占用了我们剩余的大部分时间，我们决定选择最短的路线开回栖息地，因为再过一个小时夜幕就要降临了。归程途中，我们三个人分别被卡在了 Y 形峡谷的交界处。我们三人合力把每辆全地形车从柔软的沙沟里拉出来，再一起推出来。不知什么时候，安德里亚仰面倒下，躺在她的背包上动弹不得，宛若一只翻掉的乌龟。她站不起来，又没法侧倒。扬和我从全地形车上下来，笑着跑过去帮她，也很高兴她并没有发生意外。我们在归程途中取回了另外两个集尘器，终于回到栖息地。再说一次，这是一次特别棒的行程！我们在沙漠和美丽的火星般的景观中考察了 5 个小时！此外，我们还学到了许多与火星探索有关的经验，如一个被困人员如何自行设法营救其中的一名成员。

　　我们到达栖息地时正好赶上了晚餐。我们的指挥官已经完成了他的厨房操作主管职责，为我们准备了太空肉丸、意大利面、水手谷酱和新鲜的面包。为了结束这美好的一天，我们观看了《沙丘》最后那部分（真是一部好电影），看完已经午夜了。

　　祝你在地球上有一个心神复苏的夜晚。

　　着陆火星！

弗拉基米尔

附言

大家好！

又是一个好日子，火星上的一切都好。照片消失在了"平行宇宙"，现在又回到了你的身边。

致以"火星人"的诚挚问候。

弗拉基米尔

2002 年 4 月 17 日，星期三，第 11 天

地球人好！这是来自"火星人"的问候！

今天，我们还得和来自南方的强风做斗争。我们的"飞船"又开始摇摆不定，与大自然对抗。我们的温室几乎被吹走，需要加固和修理。因此，我们花了一上午的时间和扬一起固定温室结构周围的货

物捆绑带，再重新拧紧将温室固定在地上的绳索。大风比两天前更加猛烈，温室大门也被吹得四分五裂。我们竭尽所能用胶带把它粘了起来，但不确定它能否撑过一夜。今天的舱外活动考察主要涉及生物学和地质学领域的探索。

我们的指挥官比尔·克兰西带着地质学家安德里亚·福瑞和生物学家南希·伍德在莱特峡谷（Lithe canyon）开展探索性的舱外活动。有传言说峡谷地下藏着恐龙的骨头化石。扬、大卫和我负责看守栖息地，避免它被大风吹走或被沙子淹没。

舱外活动人员比尔、安德里亚和南希在莱特峡谷
（图片来源：MDRS-5 乘组人员）

我几乎花了一天的时间来撰写和润色报告，对温室进行各种固定，并思考本次模拟与去年加拿大北极圈的模拟之间的不同之处和相似之处。

首先，这两次的栖息地非常相似，但也有一些区别：第一，从一楼到二楼的楼梯更陡，方向相反，这让一层显得更大，也为生物实验室和地质实验室提供了更多空间；各个房间配备了工作空间和架子，但不够用。第二，我们安排活动的方式不同。我们在这里有两周的时间来完成研究工作，而去年在北极地区只有一周的时间。这意味着我们在工作安排上更加轻松，但并不意味着要做的事情更少（情况恰恰相反）。我们也能更多地参与讨论日程安排和相关决定。舱外活动设备和服装上也有所改进。例如，我们现在有了可以绑在手臂或手套上的便携式后视镜，这是去年缺少的东西，几位组员在驾驶全地形车时曾抱怨过这个问题。另外，本次还引入了温室。当然，它还没有完全投入使用，但我们已经在用它进行一些植物种植实验和生物实验。这会成为未来几年的一个主要研究课题，观察航天员如何自己种植部分食物，以便为火星任务场景做好准备。最后，隔离方式不同。去年我们在德文岛的一个更偏远的地区，那里更难以抵达；但由于靠近大本营，栖息地和大本营之间有无线电通信，而且探索频道的摄影师几乎一直在场，记者也不时在场，使得孤立感并不强。这一次，虽然我们在沙漠之中，但我们离美国中部的一个小村庄只有几公里远。但由于没有无线电通信、邮件通信延迟，也没有任何访客（除了那个每隔一天给我们送水和燃料的供应商，我们与他也没有任何交流），这种孤立感更加真实。我们真的只有 6 个人，只能互相交谈、互相依赖，但效果很好。我们没有遇到任何危机或人际关系问题。在良好的氛围中，我们高效地面对并解决了所有问题。

当然还有一些需要改变的地方，但所有的意见和经验教训都逐渐被纳入未来的模拟场景和未来栖息地的设计之中。下一个栖息地计划于 2003 年设立在欧洲，或者以后设立在冰岛。这个栖息地已接近完工，并计划在 2002 年 6 ~ 10 月在美国芝加哥展出，然后运往欧洲。第四个栖息地计划⊖设立在澳大利亚内陆沙漠。

今晚，我们会出去观察天空中的行星和月亮的排布。

着陆火星！

弗拉基米尔

附言

大家好！

今天依然是强风，温室几乎撑不住了，但我们已经走上了正轨。照片会从邻近的"平行宇宙"传回来。

"火星人"的诚挚问候。

弗拉基米尔

⊖　如前文所述，可惜的是，因预算不足，这些栖息地始终未能部署。

提交给任务控制中心的温室状况的工程报告，2002 年 4 月 17 日

经历两天的强风之后，今天上午我们与栖息地的首席工程师扬·奥斯伯格一起检查了温室。实际上，今早的强风还是相当厉害的。

我们尽量仔细观察并尝试修复，记载如下：

（1）温室的构造看起来还不错。我们固定了圆柱表面一圈的货物带，还拉紧了把底座固定在地上的 6 根绳索。另外，我们用胶布固定了用于起吊货物的钩子，避免它们在风中松动。

（2）圆柱形温室的墙面材料有所损坏。我们发现三个地方被风撕裂了（顶部和两侧），而且用强力胶布修补后依然无济于事：首先，风还在吹，我们很难粘上撕裂处；其次，修补后，风会立即将其再次撕开。因此我们只能让它保持原状，希望下批技术人员能把它彻底固定住。

（3）在 4 月 7 日星期日，由弗兰克·舒伯特及其团队维修的拉链门被吹走了。先是用于固定蓝布的胶布被吹走了，随后是今天午餐时间，我们发现拉链也消失了，大概被风和沙子一起刮走了。再后来，风把临时用作温室门的蓝布也撕裂了。我们只能尽量用胶带把它粘回去，但这是权宜之计，希望下一组技术人员可以将其彻底修复。

强风把温室的门撕裂了，扬正用胶带将其固定住

（图片来源：MDRS-5 乘组人员）

（4）我又在蓝色水箱里加了两桶水，水泵还在工作。通往配水架的进水软管在灌溉架的连接处松动了几次，我把它们重新接好，但又被风吹走了。

　　我在这里附上一些照片，以便你能更好地了解我们面临的问题。强风把一切都刮走了，其破坏性这么强是个大问题。

　　总结来说，我认为当前这种温室设计无法与我们在此面临的强风相抗衡，其是否适合在火星上使用需要重新评估。

　　如果为了加压而必须保持圆柱形构架，那为什么不考虑竖直圆柱体结构？这样的话，我们就能放置更多架子，同时降低高度，减小受风面。

　　如果还有什么需要我们完成的事情，请告诉我们。

弗拉基米尔

2002 年 4 月 18 日，星期四，第 12 天

　　地球人好！这是来自"火星人"的问候！

　　昨晚有件令人兴奋的事：南希在她的床下发现了一只蝎子！经过上网查证，我们认为这是一只亚利桑那树皮蝎（Centruvoides[⊖] exili-cauda）。这种蝎子有毒性，对儿童是致命的。太神奇了！这样一个只有 2.5cm（约 1in）长的小动物，竟然如此"不友好"。我们被提醒早上要检查自己的鞋子，因为这些迷人的小生物喜欢黑暗、温暖、潮湿的地方。

南希在她床下发现的亚利桑那树皮蝎
（图片来源：MDRS-5 乘组人员）

⊖　原书错写为 Centruroides。亚利桑那树皮蝎，属木蝎科，别名刺尾蝎、墨西哥雕像木蝎。

夜里天气转冷。最低温度只有 5℃（约 41℉）。我们在今天的晨会上就模拟火星任务即将结束展开了谈论。时间飞逝，每一天都如此充实忙碌，以至于没有人意识到我们的模拟火星任务快结束了。还有 3 天我们就得离开了。实际上，我们"与世隔绝"的生活在本星期六就会结束，因为到时候会有 9 名媒体代表（欧美的电视记者和报纸记者）来访。当"与世隔绝"结束之后，就该是"人来人往"了。因此，在驻地记者大卫的帮助下，我们开始准备发言内容和方式。明天是大扫除日。我们的栖息地工程师扬·奥斯伯格发现，洗手间运行不太理想（其实这么形容算是轻描淡写了）。因此他决定在明天之前好好清洗一下洗手间。我们不得不打开所有房门和舱门，这次吹来的风大家都很欢迎。

今天下午每个人都有很多事情要做，因为大家突然意识到，再过几天，一切都要结束了。除了扬和我之外，没有人真正对舱外活动感兴趣。所以下午我们穿好航天服，在温室里做了一些事情，如更换数据记录器和清洗太阳电池板（没错，这是在火星上每次沙暴后航天员必做的事情）。

左——弗拉基米尔在舱外活动模式下进入已修复的温室
右——为太阳电池板除尘
（图片来源：MDRS-5 乘组人员）

弗拉基米尔在坎多耳峡谷

（图片来源：MDRS-5 乘组人员）

然后，我们又去了坎多耳峡谷，重新参观了这个壮丽的地方，也就是第四天我和安德里亚一起探索的地方。在我看来，经历了周末的沙尘暴和大雨之后，这里已经发生了变化。有没有可能火星上的地貌也会像地球上一样被风重新排列？

我们离开坎多耳峡谷去处理计划中的下一个项目，那就是找出攀登天际线脊的方法。嗯，天际线脊是另一回事，而且是件大事。天际线脊是一个由白垩纪砂岩构成的巨大高原，它要高出周围平原近130m，既不易通过，也不易用全地形车攀爬。因此，我们先试着向北走,但没有成功;我们再向南走,试图绕过去。我们开啊,开啊,直到我们遇到一条小河不能再开了,但仍找不到能爬上天际线脊的路。

左——天际线脊在左侧

右——工厂孤峰(Factory Butte),弗拉基米尔在带路

(图片来源:MDRS-5 乘组人员)

由于扬的全地形车爆胎了,所以我们决定返回。我们在途中测量了沙漠中几个大地测量点的坐标,以便在地图上重新定位我们的确切路线。总算安全地回到了栖息地,而且我们恰好赶上了晚饭。

在天际线脊前(左)和从天际线脊拍照(右)

(图片来源:MDRS-5 乘组人员)

我们的植物都长得很好,辛苦了植物们。它们好似长疯了:最高的萝卜茎有 10.5cm 了,而一楼实验室里的一株塌棵菜的茎也赶

上了它。哪一株会长得更快呢？我们打算星期六的时候，拿它们做沙拉。

今晚我们享用了南希准备的"尼尔格"（Nirgal）沙爹。别问这是什么，反正其中有肉、有不知名的蔬菜，还有一些我们温室的草药。这就是它的特别之处。

我们还打算看 DVD 影片放松一下，目前不确定是看《黑客帝国》（*Matrix*）、《太空炮弹》（*Spaceballs*）还是《星河战队》（*Starship Troopers*）。

好吧，你看，生活在继续，而一天又快结束了。无论是在地球还是在火星，人类有着同样的纠结。

着陆火星！

弗拉基米尔

附言

大家好！

今天我们才意识到一切就快结束了。但我们还有很多事情要做。照片会通过另一个"平行宇宙"发送过来。

致以"火星人"的诚挚问候。

弗拉基米尔

2002 年 4 月 19 日，星期五，第 13 天

地球人好！这是来自"火星人"的问候！

这是我们"隔离生活"的最后一天，因为明天是开放日，到时候会有很多访客，而我们会带着任何感兴趣的人参观。明天我是厨房操作主管，我得想想办法用橱柜里能找到的任何东西、剩菜和金枪鱼罐头，喂饱 14、15 个人。

今天是大扫除日。但只在下午进行，因为我们上午要完成所有工作和报告。我给植物浇水、测量（我们客厅里最高的萝卜茎有 11cm），还和它们好好说了会话（因为明天我们要吃掉它们了）。

栖息地二楼温室的生长盘中的植物

（图片来源：MDRS-5 乘组人员）

我完成了科学总结报告、昨天的舱外活动报告（这两份报告都能在网上查到）和其他一些东西。我还填写了一份心理调查问卷。下午，我学会了使用 Shop-vac，这是一种用于工业车间的真空吸尘器。虽然花了两个半小时，但现在这里很干净，周围没有灰尘和沙子。当你习惯了牙齿、耳朵和眼睛里都有沙子后，偶尔打扫一下这个地方还是不错的。之后，南希和我步行去取了她的几个小瓶，它们存放在离栖息地不远的沙地里。我们在路上发现了美洲狮的踪迹。从踪迹大小来看，这只美洲狮的体型不小。这沙漠也不总是那么荒凉。

左——美洲狮在栖息地附近留下的踪迹

右——生长在沙漠中的植物。暂时没想到更好的名字，

我们先称之为"洋葱头神经元植物"

（图片来源：MDRS-5 乘组人员）

不知不觉便是傍晚了，忙碌的最后一天就快过完了。这天晚上，

安德里亚，我们的大厨（厨房操作主管）为我们准备了一顿"内克塔堑沟群"（Netaris Fossae）锅巴饭。再说一遍，别问这是什么，我也不知道其中的秘密。我只能说有肉和蔬菜，但具体有什么呢？我只知道，我们所有的新鲜蔬菜早就用完了，只剩一些干果和大蒜。但这已经很好了！

今晚我们一起观看了 DVD 影片，是动画片《冰冻星球》（*Titan A. E.*）。这部片子比昨晚的《星河战队》好看多了，后者真的很难看。

这可能是我在火星沙漠研究站给你发送的最后一条信息。明天我会试着给你写信，但我大概只能在周末从地球上的盐湖城国际机场转机时才能把它发送出去。能把这两周在犹他州沙漠中模拟火星任务时发生的一切告诉你，我很开心。希望它也能给你带来一些关于着陆火星的积极想法，也希望能在人类向前迈进的这一步中与你相遇，这是来自栖息地的告别，来自火星的告别，也是我的告别。

着陆火星！

弗拉基米尔

附言

大家好！

这是"隔离生活"的最后一天了。我们几乎完成了所有工作。照片正在"平行宇宙"中以光速发送给你。

"火星人"的诚挚问候。

弗拉基米尔

6

沙漠研究后记——完美收官，"返回"地球

没错，2002年4月20日这个星期六是最后一天，但发生了什么事呢？正如之前介绍的那样，这是极其忙碌的一天。这一天忙到我没有时间写任何东西。现在，我来给你讲述一下这几天的经历。

星期六早上起床后，大家就忙着为"开放日"和媒体采访做准备。我们都戴上了印有自己姓名和职位的徽章。作为当天的厨房操作主管，早餐之后，我主动为访客们准备了一些三明治和烤面包。由于天气较冷，又下着雨，我还准备了两壶热汤和几升咖啡，这些都是用两块电热板做的，差点又让发电机断电。30名记者和摄影师预计会在上午11：00左右到达，他们会带着摄像机和照相机、送话器（俗称麦克风）、记事本和钢笔。其中有美国和欧洲的电视台的记者，包括驻在亚利桑那州凤凰城的福克斯电视台的记者，以及来自加利福尼亚的电视台、德国的RTL电视台和瑞典的另一家电视台的记者。还有来自美国和欧洲的新闻记者和摄影师。我们轮流接受了采访，但主

面对记者和媒体代表的"开放日"

（图片来源：MDRS-5乘组人员）

要采访的是我们的指挥官比尔。他多次带领记者参观栖息地，还解释了本次模拟任务的目标和完成的实验。安德里亚和扬也魅力十足，吸引了不少媒体的注意力。

还没有记者注意到我，这可太好了。与此同时，我在厨房里忙碌起来，给大家端上热饮。我试着烤一个新鲜的面包，用来配所剩不多的金枪鱼、蛋黄酱和最后一点奶酪，它们都在冰箱最里面。当我和安德里亚注意到烤箱冒出的浓烟时，我赶紧关掉了烤箱。为了不影响正在进行的采访，我们一边忍住笑，一边小心翼翼地拔掉了烤箱的插头，把它放在橱柜里。我们打算等会儿再看看。我被理所当然地落在一边，直到突然有人说："啊，我们机组人员中有一名航天员候选人"，砰！我不能再躲在我的洗碗巾和冰箱后面了。我不得不反复多次讲述我的故事，解释为火星任务做准备的重要性。

我们猜到了可能还要展示如何穿戴舱外航天服，如何进行舱外活动考察。在扬的带领下，我们穿戴整齐离开气闸舱，一起面对十几台摄像机。

与扬一起在摄像机前演示为舱外活动调试装备

（图片来源：MDRS-5 乘组人员）

左——在栖息地前
右——在摄像机前骑上全地形车
（图片来源：MDRS-5 乘组人员）

幸好天气又转晴了。我们按要求爬上了栖息地前的美洲狮山（cougar hill），在山上眺望着地平线、摆好姿势。我们还被要求来回走走，这是为了拍摄远景。我们还骑上了全地形车去岩石间进一步摆好姿势，而摄像师们坐着吉普车和面包车在后面远远跟着。其中一位摄影师让我们盯着太阳看了一个多小时，而他尝试利用色彩效果拍出艺术照片。这场小小的媒体"盛会"一直持续到5：00。显然，它相当成功。我们登上了美国、英国、爱尔兰、西班牙、德国等几家报纸周末增刊的首页。最后，记者和摄影师带着照片满意地离开了，我们的栖息地又恢复了正常。所有记者朋友都很友好，但活动还是相当累人，也打破了我们持续两周的隔离生活。我们打扫了栖息地，在模拟任务结束后，还去外面散了散步。这是真正的散步，不用穿着舱外航天服，也只有我们6个人。我们坐上停在山后面的面包车，沿着洛厄尔公路，朝着莱特峡谷的方向出发。我们四处寻找恐龙的踪迹，最终找到了恐龙化石，它们躺在地上，既令人印象深刻，也让人惊叹不已。它们就躺在那里，在地面之上，在岩石之间，未经收集，未被陈列。它们就在那里，在荒野之间。

回来之后，我们开始一起准备在这里的最后一餐。我们想准备些特别的吃食，因为这是我们共聚一堂的最后一晚。我们还剩下三瓶葡萄酒和几瓶啤酒。由于我是厨房操作主管，所以由我负责准备这最后的晚餐。我和安德里亚、扬一起在栖息地和温室里摘了些蔬菜。我们没有找任何球茎，只采下茎和叶。我们把它们清理干净，分门别类，然后放在沙拉里作为开胃菜。

最后一次在模拟模式下出游
上——通往亨利山的道路
左下——在迪米特里角落的弗拉基米尔　右下——莱特峡谷的恐龙化石
（图片来源：MDRS-5 乘组人员）

本次科学之旅还没结束，因为我还要收集每个人对自制产品的口感、质地和外观的看法意见。每个人都分到了 8 种沙拉和 4 种蔬菜中的一小部分。我以意式方法制作这些菜肴：佐以橄榄油和些许盐凉拌，再配上一杯白葡萄酒。简直太好吃了。我们一边小心翼翼地品尝美味，一边记录对这些菜肴的看法。剩余 4 道菜为鱼（最后一罐沙丁鱼，每人分到半条）、鸡肉炒饭和奶酪（早餐剩下的俄式拼盘。嘿，我们得把这些食物全部吃完！），以及甜点巧克力梨。这些菜还不错，乘组人员都很喜欢。午夜时分，一切都在美好的气氛中结束了。凌晨2：00左右，我洗好了碗，也完成了所有清理工作，对这美好的一天很是满意。

最后的晚餐

左上——弗拉基米尔在温室里采摘蔬菜　右上——准备的8道菜中的两道

下——一位非常自豪的厨房操作主管在用温室和栖息地两地

种植的萝卜、苜蓿、芝麻菜和塌棵菜准备菜肴

（图片来源：MDRS-5乘组人员）

第二天一早我们完成了最后的整理工作：把所有东西都扔进我们的袋子和行李箱里，然后把所有东西都装进面包车。这次模拟活动的最后一组人员会在星期一抵达，我们必须在这个星期日出发去赶各自的飞机。交接工作将由比尔完成，他的妻子也会加入其中；他们两人会再待上几天。我们一行5人回到了盐湖城。我在车上睡着了，几个

小时后醒来，发现已经行驶在山中。我们离开了南方的沙漠，来到了北方的山区。两者真是天壤之别！这么热的天气，山顶上居然有雪！我们把安德里亚和大卫送到机场，他们要赶下午的飞机。我、南希和扬住在一起。我们住的酒店里有一个室内泳池：在风沙中待了这么多天之后，我们毫不犹豫地投入其中，简直太舒服了！由于南希第二天一早要赶早班机，我们和她互相告别，之后便都各自早早回屋休息。我在房间里看了会 CNN，当天的头条新闻之一是法国大选，希拉克（Chirac）和勒庞（Le Pen）共同进入了第二轮选举。我们回到了一个多么奇怪的世界啊！

　　星期一早上，我和扬直接去了机场，我们是机组人员中最后还在这里的两名欧洲人。我们品尝了一顿丰盛的美式早餐，然后各自分别，发誓还要再见面。我乘着经停纽约的飞机返回，一切平安无事。我在回阿姆斯特丹的飞机上睡了几个小时。星期二早上我回到了家，洗了个澡，换了衣服，然后就去上班。堆积如山的邮件还在办公室里等着我。你没看错，当我在沙漠里进行火星模拟任务时，生活仍在继续，我还得补上两周的缺勤。我已经深陷在日常生活、工作和项目的漩涡里，而这些旋涡还一个比一个的紧迫。

　　但是这段经历真是独一无二、叫人难忘啊！

　　着陆火星！

7 模拟研究的启示

好吧！事情又多起来了！

首先，在与世隔绝的两周里，工作人员是可以和谐地一起生活、一起工作的。而且惊人的是，尽管我们与世界隔绝，不知晓外界变化，但我们中没有人真正感到被孤立。我们忙于各种各样的研究任务，这两周犹如白驹过隙。一言以蔽之，两周的时间，对我们来说太过短暂了，对计划要做的事情来说也太过短暂了。我相信这就是我们轮调成功的秘诀：我们有一个科学的工作计划，我们如此专注，以至于没有一刻感到无所事事或迷失。相反，我们还想多待几天来完成所有的工作。从某种意义上说，这次的模拟任务比去年北极的那次轻松许多，因为我们有了更多的时间，但我们意识到两周时间还是不够。另一不同之处在于，我们在日程安排和调研方式是更加自由的。在北极地区，由于我们的停留时间只有一周，我们必须抓紧时间来完成所有的科学任务和活动。而这一次，尽管我们也作为一个团队在一起工作，但可以采用更加个性化的方式来处理整件事情。

正如之前我强调的那样，我们的舱外活动考察中最重要的内容之一是使用 GPS。要设好导航并找到之前组员已标记的航点似乎不太容易。这一方面的户外考察还有待改进。当前有几个问题。首先，在参考坐标系方面，已存档的坐标是根据哪个原点和哪个地球参考模型来表示的呢？总共有几十个参考坐标系（而且同一坐标系还有多个子坐标系），如果不说明参考坐标系，这很容易造成混乱，让现场出现数百米的差异，最终导致无法找到目标航点。其次，即使在地图上记录了一个航点，但这不足以保证能够重新找到这个航点，因为通往该点的直线道路可能无法通行，也可能存在无法逾越的障碍，就需要通过多条路线来试错。但在考察时间有限的情况下，是没有足够的试错时间。再次，还应该通过一些独立于坐标系的信息来辅助确认目标航点。例如，利用文字描述或数字图片，提供寻找目标地点所需的视觉信息，以帮助确认是否抵达目的地。因此，这里的问题在于数据库的归档、注释及其数据库容量。之前的组员和我们的工作人员曾多次尝试整理访问点的数据库，但都无法找到真正令人满意的解决方案，这主要是由于存储信息量过大。由此表明，如果要解决这个问题，很有必要针对一个新地区，甚至一个新星球，制定出有条不紊的探索计划。鉴此，在火星任务期间，我们需要地质学家（或火星地理学家……）和制图专家，他们可以跟踪第一批任务，把相关数据整理妥当。

在这次模拟过程中，我们必须面对的另一个实际问题是，一旦起风，如何避免栖息地的电子设备和计算机被沙子破坏，甚至可以扩大到如何避免沙子进入栖息地。当然，我们的栖息地里没有加压。虽然沙子很小，但它们仍可以从气闸舱的门窗和架构缝隙中进入。对于火星探险人员而言，普遍会遇到这个问题，因为火星沙尘会粘在舱外航天服上，也可能从火星研究站的气闸舱门进入站内。我们从一开始就要花很多时间在每次舱外活动后清除衣服上的沙尘，并任务结束前的倒数第二天清扫栖息地。你可能很难想象，一个由四人、五人或六人组成的火星探险人员每天要花数个小时不断地与沙尘做斗争，还要清理舱外航天服和各种仪器仪表。这个问题尚未得到解决，我们认为甚至没人真正提出这个问题。到目前为止，没有人真正意识到几天或几周的严重火星沙尘暴可能造成的问题，也没有人想过火星狂风携带的沙尘会产生的破坏性和腐蚀性。在模拟过程中，我们一直面临着栖息地温室受损和沙子不断侵扰的问题，最后我们都快对此麻木了。但在我回来后的几天时间里，我发现自己仍能咳出来自沙漠的沙粒。虽然在这样尘土飞扬的环境里停留几天不会有啥问题，但如果要在这样多尘的环境中停留数月，很可能会给第一批探索火星的人员带来严重的健康问题。火星沙尘无处不在，它们会出现在人类机体、肺部、眼睛、耳朵等部位。我们必须设想一个适用的净化系统，用足够小的过滤器通过超声波淋浴来清理舱外航天服和气闸舱，以此避免沙尘进入火星研究站。对于正在设计第一个火星研究站的工程师来说，这些是值得思考的问题。

关于科学方面，该沙漠在地质和古生物方面大有发掘潜力，我们收集的结果、信息和数据相当客观，但我们需要几个月的时间才能公布在栖息地周围进行的生物学实验和观察结果。

对于我们的植物实验，能看到一些趋势。然而，这些观察结果还不足决定相关火星实验温室的设计。目前的观察结果有以下几点：与外面温室里的植物相比，栖息地里的植物更受关注和照料。这个结果可以事先猜到。但尽管如此，这次模拟实验还是充分证实了这个结果。机组人员的评论涉及人类的五种感官：味觉、嗅觉、触觉、视觉和听觉。这清楚地表明我们中的部分人员真的非常关注这些小蔬菜。我们还发现工作人员对植物的评论也很有意思，有些人只是感兴趣（"我们很快就能有苜蓿做沙拉了吗？""是时候吃掉它们了吧！"）；有些人则更深刻（"在这个相对'无菌'、没有生命的环境中看到生命让人非常兴奋""这是人类以外的生命体"），还有人回忆起过去的感受（"闻着地面的气味让我想起家乡雨后的森林"）。从心理学的角度来看，无可否认的是，如果栖息地里有一个简单的生命形式，必须关心照料它、为它负责，这将有助于缓解与世隔绝的孤寂感。这一点能从和平号空间站的一些俄罗斯航天员身上反映出来。他们利用空闲时间照料着一个种了几株植物的小花园。因此，我们强烈建议在第一次火星任务中携带绿色植物。我们还观察到，在关注、照料栖息地植物方面，有关评论的强度和频率以 2 或 3 天为一个周期。在种子发芽的那 2 天，关注度明显达到了一个重要峰值。我们还不清楚这是否是一个真正的自然效应，是否关注会每隔 2 或 3 天就增加并随后减少，还是由于外部因素造成的这种情况，如在关注度较低的日子里人们正忙于其他活动安排。同样，在模拟过程中的这个简单实验让我们注意到行为和心理因素，这些都是在"与世隔绝"之下火星工作人员在出行和长达数年的停留期间所面临的重要问题。

我们的工作人员在最后一天品尝了不同的沙拉，虽然这些食物只是一些嫩芽，而沙拉也只是一顿开胃菜，但他们对此的评论表明了自行生产食物的重要性。此外，这表明工作人员的味觉并未（尚未）退化。众所周知，在长期封闭和隔离的实验中，嗅觉和味觉最终会钝化，这与在轨道上和宇宙航天器里待了几个月的航天员的报告内容一致。根据记录，某些沙拉会比其他沙拉更受欢迎，但没有关于栖息地蔬菜或温室蔬菜偏好的明确结果。无论如何，我们还是要庆祝本次模拟的完满结束和大获成功。

最后，从心理学和人类的角度来看，我们得出了最重要的结论：本次模拟任务表明，在被隔离的两周期间，我们 6 个人从未产生紧张和负面情绪，大家相处融洽，并在两周之后一起快乐地享用庆功大餐。这让我们对未来的前景感到乐观：总有一天，人类会在火星上真正做到这一切。

第 3 部分

再入沙漠

8 / 再入沙漠前记

　　除了如何抵达火星和如何在火星上生活（见本部最后），还有一个问题是如何在火星表面进行科学实验。与全球所有的太空研究机构一样，欧洲航天局的工程师和科学家也开始考虑这方面的问题，尤其是如何在月球和火星表面进行地质学、生物学和天体物理学实验。这个问题并不简单，因此，我们需要调整和优化现有的科学工具和仪器，以便能够在地外行星表面进行卓有成效的科学研究。与类地环境相比，目前有几个方面明显存在变化，包括重力水平、大气成分、温度范围、湿度范围、辐射暴露、静电和沙尘环境、未知的细菌环境（如有）、与地球的距离、舱外活动模式下的人工操作等。能列出的变化很多，这是欧洲航天局的"欧洲地缘火星"（EuroGeoMars）项目试图调查的一个领域，其中包括在地外行星条件下，评估地质学、天文学和生物学研究的科学规程和技术发展。

　　2008 年，欧洲空间研究与技术中心负责"欧洲地缘火星"项目的伯纳德·福因（Bernard Foing）博士找到我。他解释说，他想在火星沙漠研究站（MDRS）组织一系列的轮调活动，深入研究未来载人任务的人文和科学等领域，以此在地外行星表面进行科学探索。他问我能否帮他建立一个新的围绕火星沙漠研究站任务，我立即回复："可以！"。如果能重回美国犹他州沙漠的火星沙漠研究站，想想便让人非常高兴，我们立即开始工作。"欧洲地缘火星"项目得到了火星学会的批准，该项目将持续 5 周，具体安排如下：

　　- 技术准备周（2009 年 1 月 24 日—31 日），用于仪器设备的部署。

- 76 号乘组人员进行第一次轮调（2009 年 2 月 1 日—15 日），负责进一步的仪器部署并开始使用。

- 77 号乘组人员进行第二次轮调（2009 年 2 月 15 日—28 日），负责进一步的仪器使用和对结果深入分析。

我们继续与伯纳德探讨如何实际组织这次活动，以及谁应该参与其中。我们联系了欧洲和美国的几位科学家，邀请他们加入这项工作。大家都积极响应本次活动，我们很快发现有许多人要求我们进行额外的实验。其中非常重要的一个方面是，我们想让学生参与实验的实际准备和运行之中。今天的学生就是明天的研究人员，能让他们尽快参与太空站研究是一件好事。

最终我们设想了以下两组实验：

第一组涉及与人类相关的实验，即评估行星栖息地的不同功能和使用界面、乘组人员在栖息地的时间安排，以及科学技术设备的人机交互界面。

第二组涉及一系列可在地外行星表面进行的实地科学实验（与地质学、生物学、天文学和天体物理学相关），以及支持这些实验所需的必要技术和网络。

所有实验都很有趣，也很令人兴奋，而且我们也不太清楚哪组实验会更适合火星沙漠研究站的环境。基于我在北极和火星沙漠研究站的经验，我对乘组人员操作这组与人类相关的实验更感兴趣。卢蒂文·博什·索万（Ludivine Boche-Sauvan）是欧洲空间研究与技术中心的一名年轻的实习工程师，她是与人类相关的那组实验的负责人和技术专家。

我是第一轮 76 号乘组人员的负责人；伯纳德是第一周技术设置的指导员，也是第二轮 77 号乘组人员的轮调负责人。此外，我会指导卢蒂文在与人类相关的实验中的所有工作。由于她将是第二轮 77 号乘组人员中的一员，那么在 76 号乘组人员第一次轮调期间，会由我进行与人类相关的实验。

涉及乘组人员的领域非常重要，因为在载人航天任务中，人的因素是主导因素，它可能会强烈影响效率和工作成果。为了量化太空任务中困难和不可控的领域，有必要尽可能地再现航天员工作的环境和技术条件：有限的资源（包括电力、通信带宽和人力）、在孤立狭窄的区域内有限的社会互动，以及被尘土环绕等。在火星沙漠研究站中进行的欧洲地缘火星活动是观察和测量这些领域的绝佳机会。

在任务准备阶段，我们与卢蒂文完成了大量工作来确定我们要采用的方法。我们参考了其他研究人员在 2001 年和 2002 年模拟期间所做的类似工作，分别是由美国国家航空航天局艾姆斯研究中心的比尔·克兰西完成的研究工作和由美国国家航空航天局-约翰逊航天中心乘组人员协助办公室（Crew Support Office）完成的研究工作。这些研究为准备调查问卷奠定了基础，而这些调查问卷会在 76 号和 77 号乘组人员的两次模拟中使用。

第一个研究方法共有以下三个重点：

第一，评估火星沙漠研究站栖息地及其子系统（实验室、乘组人员宿舍、房间、计算机和电子区、公共空间等）的不同功能和使用界面，以及供一般乘组人员使用和生活的情况（是否符合人体工程学，以及舒适度、基本设置等）。

第二，乘组人员的时间安排，包括两个方面——乘组人员如何体验日常的组织工作和如何优化生产时间。重点需要考虑的是乘组人员在模拟过程中如何看待其从起床到睡觉之间的日程安排。如果每天的日程安排以 1h 为单位，应该如何优化有用的时间段，减少时间浪费和闲置。另外，需要重要考虑的是如何优化生产时间（即用于实验和获得结果的时间，包括舱外活动），充分利用必要的时间（重复性任务、维护、计算机和仪器的调试和故障排除等），避免浪费时间。

第三，人机交互界面的评估，即乘组人员如何看待各种科技设备（不仅是科学仪器，还有栖息地的其他子系统，包括舱外航天服、无线电等），如何在舱内及其周围安装、使用、储存和操纵科技设备，以及是否戴有舱外活动手套。此外，为了优化栖息地的所有子系统和仪表的日常操作，建议对人机交互界面进行哪些修改？

　　经过几次优化，卢蒂文最终确定了关于这三个方面的调查问卷的内容，而且要求所有工作人员都必须填写。调查问卷中还添加了每日填写的时间和地点评估表，用于协助所有工作人员统计在每项任务中所花的时间。

　　此外，工作人员还会参加关于食物类型的持续性研究，这项研究会利用调查问卷收集工作人员对食物的印象。

　　关于第二组（与地质学、生物学、天文学和天体物理学）相关的实地科学实验，其中部分仪器是从欧洲带来的或由美国合作方借出的。大多数仪器会在技术周期间部署和安装。

　　在两次轮调期间，地质学家的目标是测试不同的仪器和方法，确定在火星沙漠研究站栖息地周围丰富多样的环境中地面层和地下层的特征。美国国家航空航天局艾姆斯研究中心会出借透地雷达（GPR）、拉曼光谱仪、可见光/近红外（VIS/NIR）成像光谱仪、磁感应仪和一些钻探设备。另外，美国 inXitu 公司会出借 X 射线衍射/X 射线荧光（XRD/XRF）分析仪加以补充，欧洲空间研究与技术中心外部地缘实验室（ExoGeoLab）（欧洲空间研究与技术中心的众多研究实验室之一）还会出借一些额外的采样采集和管理设备，以及实地和实验室研究的科学专用高清摄像机（HDTV）。所有这些仪器都很先进、性能出色、体积较小，它们可以用于探测地下水并确定火星上的风化层和不同次表层的特征，适用于未来火星上或火星周围的空间任务。有趣的是，透地雷达还能为我在北极地区的首次模拟调查加以补充，因为当时采用的是地震法。

　　生物学调查的主要目标是分析生活在火星沙漠研究站地区土壤中的微生物群落。为此，我将使用同样由美国国家航空航天局艾姆斯研究中心出借的腺苷三磷酸（ATP）测量仪和欧洲空间研究与技术中心的外部地缘实验室的聚合酶链式反应（PCR）便携式实验检测设备。

　　对于天文学和天体物理学领域的观察工作，我们计划使用火星沙漠研究站马斯克观测站（Musk observatory）的射电望远镜。

　　对于工程支持项目，我们将部署一个由美国卡内基梅隆大学

（Carnegie Mellon University）出借的探测器，及其一系列的可视化测试套件和带有图像数据处理套件的相机系统。

因此，如你所见，这是一个目标广泛且涉及不同领域的调研计划。我必须承认，我们并非所有这些领域的专家，也不知道如何使用所有这些仪器。为什么我们的两个团队中有来自各个领域的专家，这就是原因。不过我对这些工具的功能有一定的了解，下面我会试着说明其中一些工具的使用方式。

既然聊到了专家，那让我介绍一下两个团队中的部分成员和为科学行动提供协助的人员。

在首次轮调中，我会担任乘组指挥官，尤安·莫纳亨（Euan Monaghan）担任执行官（EXO）。尤安是一位出色的工程师，他拥有英国肯特大学（University of Kent）的物理学、空间科学与系统学的学士学位，英国克兰菲尔德大学（University of Cranfield）的宇航和空间工程硕士学位。除了工程和天体生物学外，他还从事击剑重剑比赛。他会担任副指挥官，负责栖息地的工程和后勤任务，还有天体物理学的观测任务。

杰弗里·亨德里克斯（Jeffrey Hendrikse）也是一名工程师，目前在荷兰代尔夫特大学（University of Delft）的应用物理学专业服务。作为一名光学和核工程师，杰弗里曾参与了欧洲空间研究与技术中心的多种项目，包括微重力项目、欧洲航天局的第一个自动转移飞行器和赫歇尔天文台（Herschel observatory）（一种低温冷却的远红外空间望远镜）。他还在荷兰格罗宁根（Groningen）的回旋加速器研究中从事放射治疗项目。遗憾的是，他不能在整个模拟任务期间都停留在基地，因为他必须前往法属圭亚那（French Guiana）的库鲁（Kourou），在阿丽亚娜5型运载火箭发射之前，对赫歇尔望远镜进行最后的测试活动。在MDRS期间，他会进行技术和通信调查工作。

阿努克·博斯特（Anouk Borst）是荷兰阿姆斯特丹自由大学（Free University of Amsterdam）地球和生命科学学院的地质学学士，她也加入了这个团队。阿努克已在荷兰、法国、德国、比利时和西班牙进行了多次实地调查活动。在欧洲空间研究与技术中心实习期间，她利用了环月轨道探测器克莱门汀号（Clementine）和斯玛特一号（SMART-1）月球任务期间采集的数据集，分析了位于月球远端的最大月球撞击坑的地质学和矿物学。

另一位来自荷兰阿姆斯特丹自由大学的成员是斯特凡·彼得斯（Stefan Peters）。他是固体地球地质学的硕士。他的论文主要研究月球上的撞击和火山活动的耦合。这些研究都在欧洲空间研究与技术中心进行的，涉及月球表面结构的测绘和不同区域的矿物学的多光谱数据比较。你大概猜测到了，阿努克和斯特凡是两位轮调的地质学家，他们会在栖息地周围进行与地球物理学相关的实地调查。

丹妮尔·威尔斯（Danielle Wills）是南非人，目前住在英国。她是天体物理学和哲学硕士，主要研究高红移的早期宇宙物体。她还参与了行星科学和天体生物学的各种课外项目。作为欧洲空间研究与技术中心的实习生，她从事月球天体生物学方面的工作，以及为火星登陆器和样本返回任务选择天体生物学方面的工作。另外，她还为国际空间站进行天体生物学实验，在模拟火星条件下测试嗜盐古菌的稳定性。你大概也猜到了，她将担任乘组的生物学家进行实地和实验室调查。

普嘉·马哈帕特拉（Pooja Mahapatra）拥有印度国籍，她是瑞典基律纳吕勒奥技术大学（Luleå Technical University）的空间专业的硕士。她在设计和建造 CanSats 和皮卫星及为微重力流体分离项目进行电子和数据处理方面积累了丰富的经验。她也是欧洲空间研究与技术中心空间工程的实习生。当杰弗里·亨德里克斯离开之后，她将接替他负责工程和技术调查。

这是一个有趣的团队，拥有很多才华横溢的年轻人，他们的背景和专长各不相同，能相互补充。

第二乘组的团队成员也都十分合适。我的朋友伯纳德·福因会担任乘组指挥官。他是天体物理学家、空间科学家、多所大学的教授、多个空间项目的首席科学家，也是欧洲航天局研究部门的负责人。

卢蒂文·博什会担任 EXO 和工程师，会负责栖息地的技术和后勤运行，也会负责与人类工作人员有关的研究。

克里斯托夫·格罗斯（Christoph Gross）是德国柏林自由大学（Free University of Berlin）的博士。他从事行星进化和生命研究项目的工作，还参与了欧洲航天局火星快车（Mars Express）任务中与高分辨率立体相机（HRSC）相关的项目。

洛伦兹·温特（Lorenz Wendt）也是柏林自由大学的博士。她在阿根廷、约旦、美国和西班牙进行了多次实地活动。洛伦兹还在火星快车任务的高分辨率立体相机小组工作，主要负责整合高分辨率立体相机多光谱数据和其他两个火星快车仪器的高光谱近红外数据。她还负责地球化学模拟。

来自奥地利的帕斯卡·爱恩方德（Pascale Ehrenfreund），拥有奥地利维也纳大学（University of Vienna）分子生物学硕士学位和法国巴黎第七大学（University Paris VII）天体物理学博士学位。她还获得了维也纳大学天体化学特许任教资格（Habilitation）。目前，她参与了几个天体生物学的国际研究项目，带领荷兰莱顿化学研究所的天体生物学实验室进行研究。

科拉·蒂尔（Cora Thiel）拥有德国比勒费尔德大学（University of Bielefeld）的生物学博士学位。她从事跨学科的生物学项目，包括在欧洲航天局和德国航天中心（DLR）的飞机抛物线飞行活动和国际空间站的零重力研究。

我想到现在为止，你已经猜到了，克里斯托夫和洛伦兹将担任该乘组的地质学家，帕斯卡和科拉将是乘组的生物学家。

这两个团队的乘组成员来自比利时、法国、德国、荷兰、英国、奥地利、南非和印度八个国家。这清楚地表明，科学没有国界，尤其像火星探索这种太空研究。从本质上说，这需要地球上各个国家共同努力。

在模拟活动之前，欧洲地缘火星小组（包括两组人员及科学和技术辅助小组）在欧洲不同地点举行了几次课堂和模拟现场培训，让所有成员相互熟悉，了解了模拟活动中要使用的各种仪器和设备，演练了调查流程和方案。荷兰、法国和德国大学的几位科学家和研究工程师也参加了这些培训课程。此外，卡罗尔·斯托克（Carol Stoker）和佐诺·扎瓦莱塔（Jhony Zavaleta）（均来自美国国家航空航天局艾姆斯研究中心）以及菲利普·萨拉兹（Philippe Sarrazin）（居住在加利福尼亚的法国人，来自 inXitu 公司）会在首次模拟任务之前的技术准备周期间在火星沙漠研究站予以支持，培训各乘组成员使用一些会在现场用到的仪器。

这两次轮调任务不太轻松，因为科学计划非常翔实周密，所有工作人员和辅助人员都要完成大量工作。经过几个月的准备和培训，我们在 2009 年 1 月底就快开始模拟了。本次的行程计划与七年前略有不同。我们不是从犹他州的盐湖城开车前往汉克斯维尔，而是在科罗拉多州的一个相对较大的城市大章克申（Grand Junction）集合，再前往汉克斯维尔和火星沙漠研究站。

但我们还得知了一个坏消息。普嘉的美国签证没有通过，她无法加入我们。虽然很遗憾，但我们得面对事实。在行政管理方面，火星探索之路还很遥远。

由尤安·莫纳亨设计的 76 号乘组徽章

（图片来源：MDRS-76 乘组人员）

9 再入沙漠中记

欧洲地缘火星项目，76 号乘组，火星沙漠研究站：2009 年 1 月 28 日—29 日

我们于昨晚（1 月 28 日，星期三）先后到达美国科罗拉多州大章克申。我是第一个达到的。此前，我先后途经荷兰阿姆斯特丹，美国明尼阿波利斯和盐湖城。盐湖城飞往大章克申，沿途的茫茫大地被白雪覆盖，天地之间一片昏暗。北部的明尼阿波利斯，天气更为糟糕，气温降至零下 20℃，道路都已结冰。

我在当地时间下午 18：00 左右到达大章克申，但于我而言其实是凌晨 2：00（我在 1 月 28 日，星期三早上 8：00 出门）。阿努克和斯特凡于晚上 20：30 抵达，比预计晚了 1h。阿努克的行李还弄丢了。尤安在晚上 21：00 后到达。我们收拾好行李，坐上我租的白色日本厢式货车前往汉克斯维尔。从科罗拉多州沿 I-70W 公路驱车，用了 2.5h 到达犹他州，然后在 UT-24 公路南面 149 号出口转弯，并于午夜时分抵达汉克斯维尔。于我而言，其实已经是 1 月 29 日（星期四）上午 8：00，我们已经出门 24h 之久。住进"低语之沙"（Whispering Sands）汽车旅馆后，我们倒头便睡，数小时后方才醒来。

虽然我醒得很早，但感觉精神不错。天气晴朗，碧空如洗，在阳光的照耀下，这个早晨似乎也没有那般寒冷了。我们把所有物品放进车后，开始满大街寻觅早餐店。不幸的是，"勃朗黛"（Blondie）餐厅没有开门，我们于是去了隔壁的"空谷山"（Hollow Mountain）加油站，在里面的商店买了几个三明治，还有几杯咖啡和茶。

我们在那里与菲利普·萨拉兹会面，这个住在美国加利福尼亚州的法国人将分享有关地球物理学的 XRD 分析仪知识。之后，我们驶入一条名叫"牛粪路"（cow dung road）的小道，嗯，这个名字起得可太贴切了……

从这里往北 3mile 就是火星沙漠研究站（MDSR）栖息地。到了目的地后，我们见到了伯纳德·福因、佐诺·扎瓦莱塔和卡罗尔·斯托克。伯纳德带我们参观了栖息地，这里还有天文台和温室。故地重游，这里的一切都似曾相识，我回忆起七年前的点点滴滴，这让我非常惬意，许多欢快的场面涌入脑海。但是，栖息地已不同于往日：到处都是线缆、电子设备、纸张、书籍、CD/DVD、书架等。

伯纳德为我们准备了一顿三明治午餐，我们对此感谢连连。之后，我们在楼下实验室参加报告演示。佐诺·扎瓦莱塔首先向我们展示了如何使用拉曼光谱仪分析地质样本，在此过程中使用了小型红外激光二极管照射样本。如果在使用红外激光二极管时未做好防护，将对眼睛造成伤害。菲利普·萨拉兹接下来向我们展示如何使用 XRD 分析仪。这款设备设计得非常精巧，且功能十分强大。特别是，根本无须将其与笔记本计算机进行物理连接，而是直接通过 Wi-Fi 进行无线连接即可传输数据。之后，我们将开始进行一次地质探索之旅，由卡罗尔·斯托克做我们的地质向导。阿努克和斯特凡都是地质学学生，这里无异于是他们的地质学天堂，他们每隔 5m 就停下来进行样本比较，并用地质锤敲下一些石头和土壤样本，准备带回去研究。这次散步真是令人心旷神怡，我们一直走到"天际线脊"（Skyline Rim）那边的平原，然后折向南返回栖息地。阿努克扭伤了脚踝，但好在并不严重。在回来的路上，我们遇到了"空谷山"（Hollow Mountain）加油站老板唐·卢斯科（Don Lusko），他也兼任汉克斯维尔所在的韦恩县的警长。卢斯科是个大块头，但话并不多。他来这里给栖息地送一些包裹，并让阿努克上了他的车。

栖息地需要彻底清理一下，一些物品也需要重新摆放。屋子里面灰尘很多，基本都来自周围的沙漠。由于非常干燥的缘故，即使在冬天，栖息地内部也到处都是灰尘。因此，必须定期对存放靴子的一楼进行真空吸尘。为了保持栖息地的清洁，这里制定了严格的操作程序。

好了，这就是"火星"上的第一天。除了一些小任务外，一切都很顺利。今晚我将睡在5号房。星期六晚上伯纳德离开后，我将搬到他今晚住的6号房。

祝地球和欧洲晚安。

来自"火星人"的祝福！

弗拉基米尔

欧洲地缘火星项目，76号乘组，火星沙漠研究站：2009年1月30日

我从昨天（1月30日，星期五）开始担任厨房操作主管（就是负责做饭、洗碗、倒垃圾的人），忙了一整天，工作量很大。整个上午我都在打扫厨房，洗碗，扔掉过期食物，并把各个橱柜整理得井井有条。我还准备了早餐（在桌子上简单放几片面包，以及奶酪、火腿和果酱，还有咖啡和茶）。我还使用栖息地的面包机烤了面包。阿努克直到中午仍然没有收到任何关于行李的消息（显然，栖息地及其周围没有任何手机信号），同时，我们也需要购买更多的新鲜食物和肉类（我们尚未进入完全模拟模式……）。于是，我们带着阿努克一起开车前往汉克斯维尔，以便她打电话询问行李的事，再看看是否需要购买必需品。我们已提前跟市场预订了模拟模式下实验所需的食物，现在刚好取货。

汉克斯维尔当地人都非常友好和善良。这里路不拾遗，根本没有必要锁车。柜台服务员让我们自己拿食物，也没有在出门时检查。在这样的小地方，人们都彼此熟知，不会做那种掉价的事。我们随后去了"空谷山"，这家带商店的加油站设在一个山洞里。这儿的老板就是唐·卢斯科，他负责照看栖息地及其发电机（稍后会详细介绍）。我们回到栖息地享用午餐，有新鲜的番茄、三明治、咖啡、茶和水果。虽然不是什么大餐，但大家都夸奖了我的手艺，同时也都嘲笑我做的面包——虽然我放了酵母，但面包根本没有发酵。饭后，我又得收拾桌子和洗碗。不过幸运的是，我可以在这16h内不用工作，也不用参加地质钻探机的培训。我开着全地形车来到了天际线脊平原，不禁回忆起 7 年前在这里驰骋而过的景象。由于车痕被雪雨覆盖，我在返回时迷路了，不知怎么就驶入一个峡谷，看起来没有任何办法开出去。然而，我的的确确记得这里通向"洛厄尔主路"（Lowell Road），可以最终回到栖息地。

当我看到由 73 号乘组绘制的栖息地沙漠地图时，感到无比幸福。我认出了 2002 年与我们简·奥斯伯格一起命名的区域及其特征，如"迪米特里角落"（以我儿子命名）、"UFO 着陆点""抱子甘蓝"（在一条马路中间）等。很高兴看到先驱者的努力仍被世人铭记……

18：30，厨房操作主管再度工作。我准备了好几道菜：鸡汤、猪排配米饭、扁豆、炒蔬菜、沙拉，以及什锦水果沙拉。到 19：30，所有菜均已上桌，我希望每个人都交口称赞，我自己也感觉颇为得意，因为只用三个小煤气灶做这么多菜可不容易。这一次，大家都称赞我做的面包。虽然我自己清楚，它咬起来跟地质学家的岩石样本没有太大区别。

之后，我又开始洗碗和打扫卫生，直到 22：00 才结束。然后，我发一些电子邮件，写了报告，还和伯纳德下了一盘棋。我不会告诉你们谁赢了（显然不是我）。丹妮尔和杰弗里传来了消息，他们将于 23：30 抵达汉克斯维尔。我和斯特凡去接他们。我们终于等到了所有人，模拟很快就可以开始了。最后一次检查邮件，看看是否有紧急事项需要发送。哦，已经是凌晨 2：00 了，真是漫长的一天，该睡觉了！

晚安，"火星人"祝福所有人！

弗拉基米尔

欧洲地缘火星项目，76 号乘组，火星沙漠研究站：2009 年 1 月 31 日

今天是 1 月 31 日，星期六，我在 7：30 左右就醒了，可能时差还没倒过来。我最初感觉不错，但之后就变得很累。早餐后（尤安是今天的厨房操作主管），我们参与了有关探测器和钻探机的演示培训。我加紧编写电子邮件和报告，并在中午 11：00 小睡了 30min。不得不承认，这种小睡真的很提神。

我们在吃午餐时停电了，但检查发电机却不清楚是什么问题导致的。我们试图重启，但并没有成功。我们决定趁热吃午餐，之后再管发电机。饭后，我们仍然不知道发电机出了什么问题，它实际上是备用的辅助发电机，两个主发电机在几周前已出现了故障。所以，如果这个发电机修不好，那我们只能一筹莫展了。最终，在进行多次尝试、鼓舞和打气之后，发电机终于发出噗噗的咳嗽声，开始重新启动了。但是，栖息地的逆变器系统却没有再次启动。

由于栖息地没有手机信号，因此只能通过电子邮件与任务支持部门联系。另外，阿努克还未收到行李的消息（已经三天了），我们驱车前往汉克斯维尔，询问唐·卢斯科是否能提供帮助，他答应了。阿努克再次致电机场，机场方面不确定行李是否已离开阿姆斯特丹（当然离开了，阿努克在芝加哥通过美国海关时还带着呢!）。机场方面随后表示，并不确定行李在芝加哥的具体地点，但他们承诺会加快调查速度（与昨天和前天的答复相同）。显然，这个行李可能在地球和"火星"之间的某处。回来后，唐·卢斯科赶来，帮助我们修理了发电机，并告知发电机必须按照正确的方式加油，同时栖息地的电池也需要更长时间充电。于是，我们让发电机运行，并切断了栖息地中的所有电源，直到夜幕降临后才打开电源。这时，栖息地开始再现生机，温度也上来了! 太阳高照时，栖息地下午的温度约为 15℃，相当舒适; 但在阴天或傍晚时，温度会降到 5℃ 或更低。目前，所有报告都已经写好，指挥官交接工作已经完成。在接下来的两周里，我负责管理这艘"飞船"和所有的人员。

祝地球和欧洲晚安。

来自"火星人"的祝福!

弗拉基米尔

2009 年 1 月 31 日日志，指挥官报告

今天，由于午餐时间（当地时间下午 13：00）发电机故障，我们遭遇了一次大停电。唐·卢斯科收到"示警"，并于下午 16：00 左右赶来修复发电机，并为栖息地电池重新充电。栖息地的全部电力正在逐步恢复。这次停电影响了当天的整个计划，但我们仍然完成了部分科学培训。

我们进行了简短的地质试验，测量了地磁磁化率。由于停电，无法用 XRD 分析仪来分析样本，但进行了一些钻探实验安全演示。技术人员针对探测器和实验室仪器进行了更多的培训。

我们对栖息地环境进行了快速生物勘测，并研究了取得的生物样本。

栖息地工程师检查了舱外航天服子系统（风扇和无线电），为一些物品充电，从而为明天的排练做好了准备。即将离开的技术人员向新来的人员介绍了全地形车和舱外航天服的使用方法。

我们在上午讨论了各种研究（食物研究、人员……）规程和问卷。

伯纳德·福因（技术人员指挥官）和弗拉基米尔·普莱泽（76号乘组指挥官）完成了交接。

弗拉基米尔·普莱泽　伯纳德·福因
76 号乘组指挥官　技术人员指挥官
照片日记

日落时分的天文台
（图片来源：MDRS-76 乘组人员）

仰望星空
（图片来源：MDRS-76 乘组人员）

计算机真的比人多吗？（是的）
（图片来源：MDRS-76 乘组人员）

着陆火星！
（图片来源：MDRS-76 乘组人员）

熟悉钻探流程（一些人似乎比
其他人更有安全意识）
（图片来源：MDRS-76 乘组人员）

地质学交错层理示例
（图片来源：MDRS-76 乘组人员）

2009 年 2 月 1 日日志，指挥官报告

"谁需要在火星上碎纸？"

今天是星期日，也是我们正式开始模拟任务的第一天，不过我们同意仍然在非模拟模式下进行一些科学操作。由于所有乘组人员都已在栖息地培训多日，并参加了技术设置周活动，因此我们决定乘组人员可以根据各自的时间表开始星期日上午的工作（这是一种官方说法，如果他们愿意，其实可以睡一上午）。第一次晨会定在9：30。全体乘组人员回顾了所有健康和安全程序，以应对火灾、紧急疏散、医疗问题等情况。我们还审查了各个研究活动（食物研究和乘组人员研究），并填写了第一份调查问卷。之后，我们继续清理栖息地，并在上层甲板上清理出一些空间。我们发现了多种办公用品，包括一台碎纸机——有谁会带它去火星呢？

下午进行野外培训。我们在栖息地附近为三名乘组人员提供了舱外徒步培训，随后进行了两次勘测。为了找到感兴趣的生物取样点，我们驾驶全地形车进行了勘测；地质学家也进行了平行勘测，以探索由河流和河道沉积物构成的摩里逊岩层（Morrison formation）底部区域。我们收集了一些木化石样本，并使用XRD分析仪和拉曼成像技术进行后续分析。

除了维护和检查栖息地子系统，两位工程师还进行了工程调查。他们将帧抓取器（即图像采集卡）和流媒体视频服务器软件安装在笔记本计算机上，并通过手提摄像机成功完成了测试。

晚上举行了内部培训会，乘组人员将展示各自的研究项目。第一位特邀嘉宾萨拉兹（Sarrazin）博士讲述如何在火星探测中使用XRD分析仪，以及相关的地面应用程序。

又是"火星"上的忙碌一天。

来自"火星人"的问候！

弗拉基米尔·普莱泽

76号乘组指挥官

照片日记

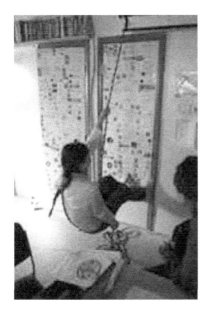

绳降（又名疏散训练）
（图片来源：MDRS-76 乘组人员）

盐洗地段的交错层砾岩
（图片来源：MDRS-76 乘组人员）

"工厂孤峰"
（图片来源：MDRS-76 乘组人员）

我们没迷路，真的！
（图片来源：MDRS-76 乘组人员）

远方……
（图片来源：MDRS-76 乘组人员）

天际线脊
（图片来源：MDRS-76 乘组人员）

2009 年 2 月 2 日日志，指挥官报告

"总有一夜……"（老鹰乐队）

今天（2 月 2 日，星期一）是硕果累累的好日子。首先，我们必须了解一下周边的邻居：一个徒步考察队带回了显示美洲狮踪迹的照片证据。此外，一名乘组人员的行李自上星期三起在芝加哥失踪，现在终于找回来了。

在首次徒步旅行时，我们的地质学家就揭开了栖息地北部大型白砂岩透镜体的神秘面纱。经过观察，砂岩透镜体下面已形成了小裂缝。我们采集了各种黏土和砂岩透镜体样本，并在下午进行了实验室分析。我们还将获得的 XRD 图谱与数据库进行了比较。之后，从栖息地水箱中提取水样并进行了分析，以评估是否受到生物污染。结果表明，污染水平对人类而言可以接受。此外，我们还进行了生物学徒步考察，以确定地质兴趣点的土壤和植被特征，从而进行了相关研究。下午有两人进行了全地形车考察，为未来的生物采样考察水源丰富的地点，并为未来的航行实验做准备。为了准备明天的舱外活动，我们对所有的舱外航天服和头盔进行了除尘和清洁，校验了背包和无线电性能，电池也充了电。栖息地所有系统均处于良好状态，所有内部网络摄像头都正常工作。唐·卢斯科明天会过来更换外部水箱。

昨晚萨拉兹博士举行了一场精彩的培训会，讲解如何使用火星科学实验室的 XRD/XRF 分析仪。我们之后度过了第一个轻松的夜晚，并与全体乘组人员一起欣赏了 DVD 影片。下一次培训会计划在明晚举行。在欣赏老鹰乐队歌曲的同时，我们也在憧憬，是否将来也会在火星上享受如此宁静的夜晚。

来自"火星人"的问候！

弗拉基米尔·普莱泽
76 号乘组指挥官

照片日记

乘全地形车探险
（图片来源：MDRS-76 乘组人员）

显微镜——石英颗粒中的植物
（图片来源：MDRS-76 乘组人员）

地质学家在哪（一）
（图片来源：MDRS-76 乘组人员）

地质学家在哪（二）
（图片来源：MDRS-76 乘组人员）

野外的植物
（图片来源：MDRS-76 乘组人员）

这就是我们晚上为何要关门的原因……
（图片来源：MDRS-76 乘组人员）

阿努克——勇敢的地质学家

（图片来源：MDRS-76 乘组人员）

眺望亨利山脉（Henry Mountains）

（图片来源：MDRS-76 乘组人员）

2009 年 2 月 3 日日志，指挥官报告

"拜托，老爸，我只是个研究岩石，满口科学术语的地质学家……"

第三个模拟日非常成功。我们进行了一次三人舱外步行活动，两次两人的全地形车探险，还在实验室和栖息地中完成了多项工作。

在今早的舱外活动中，两位地质学家和生物学家从栖息地步行到天际线脊外围，寻找地质和生物样本，并评估身着舱外航天服同时按规程操作的困难程度。尽管工作条件十分恶劣，但第一批舱外活动科学家仍然从更深的地层中采集了多个样本，准备进行后续分析。我们考察了多个环境，寻找不同密度和种类的植被，以便选择将来的舱外活动生物取样地点。在早上的全地形车探险过程中，指挥官和一名工程师考察了多个地点，为将来的自动驾驶微型探测器导航实验做好了准备。下午，一名地质学家驾驶全地形车勘察了多个高地质条件地点，帮助地质学家做好了全地形车舱外活动的准备。

我们使用 XRD/XRF 分析仪对昨天带回的木化石样本进行了分析。结果显示，不同颜色的样本具有不同的化学成分。黑色样本的图谱出现了代表铁（Fe）和锰（Mn）的峰位，而白色矿化木材样本的则没有出现。

工程项目方面传来了好消息，利用 Wi-Fi 传输视频流的测试大获成功。即，通过一个主要组件从探测器及舱外航天服上的摄像头获取视频。为了找到火星导航系统初步测试的最佳地点，远程支持工程师对昨天全地形车探险传回的信息进行了详细分析。

所有的栖息地系统都运行正常。马斯克天文台计算机已成功上线。网络摄像头故障已排除，其中一个已经投用。我们测试了马斯克天文台的模拟视频并投入使用。

昨天的 DVD 影片让全体乘组人员欢笑不已。我们看了两部 DVD 影片。第一部是《来自未来的明信片》（*Postcard from the future*），由过去的火星沙漠研究站乘组人员和导演阿兰·陈（Alan Chan）创作。

这部出色的影片让我们对地质学家如何评估自我有了新的认识（见本日志开始的斜体引文）。第二部是1953年的《太空幻影》（*Phantom from Space*），非常棒，也非常好笑。

今晚的娱乐活动将更为正式，因为天体生物学家丹妮尔·威尔斯将举办一次关于"星系团加热机制"的培训会。

星空在我们的头顶和脚下闪耀，祝各位在地球上有一个美好的"火星"之夜。

弗拉基米尔·普莱泽

76号乘组指挥官

照片日记

星光下的栖息地和温室

（图片来源：MDRS-76乘组人员）

三位科学家踏上火星

（图片来源：MDRS-76乘组人员）

安全返回栖息地！

（图片来源：MDRS-76乘组人员）

绚丽的石膏晶体沉淀于栖息地阶地

（图片来源：MDRS-76乘组人员）

你在找什么，指挥官？

（图片来源：MDRS-76 乘组人员）

早餐是新鲜的肉桂面包

（真是一件艺术品）

（图片来源：MDRS-76 乘组人员）

尤安正在阁楼上等着接"水桶队"传过来的水桶

（图片来源：MDRS-76 乘组人员）

从博克斯峡谷（Box Canyon）俯瞰泥溪河，景色相当迷人
（图片来源：MDRS-76 乘组人员）

2009 年 2 月 4 日日志，指挥官报告

"哎呀，这个南瓜派太硬了……"

在第四个模拟日，我们决定暂停新的活动，以总结、反思目前完成的工作。昨天计划的舱外活动暂时推迟，其他一些工作在实验室和计算机上进行。

在地质学工作中，我们将许多样本和数据分类，并通过显微镜照片研判。在生物学工作中，我们测试了用电钻和手铲进行取样的技术，以训练乘组人员在不同深度收集样本。此外，我们使用腺苷三磷酸（ATP）测量仪在距离栖息地 200m 远的几个地点进行了现场测量。结果表明，ATP 水平并未显示存在危险的污染源。各位置之间的数据波动很大，但不超 10 倍。总体趋势是，距离栖息地越远，污染水平越低。

工程调查团队前往天际线脊中继点，评估为火星导航实验安装氦气球的可行性。评估结果满足预期。目前，已收到替换的 USB 网络适配器，将安装在探测器上，明天进行后续测试。我们仍在研究网络视频流问题，并取得了积极进展。

下午 17：00 左右，栖息地不知何故断电 10min，除此之外，系统一切正常。昨天的"星系团加热机制"培训会介绍了大量信息，解释了为何星系团没有理论预测的那般寒冷。此外，它与今天的引文没有任何关系。今天的日志引文只是在午餐时，由于一个南瓜派在烤箱中烤的太久，硬度十分感人。今晚的娱乐活动可能将乏善可陈，我们还没有决定看哪部 DVD 影片，这将是晚餐讨论的话题之一。

从火星到地球，不过一个南瓜派的厚度……

弗拉基米尔·普莱泽

76 号乘组指挥官

照片日记

在显微镜下研究岩石样本
（图片来源：MDRS-76 乘组人员）

斯特凡在火星色背景下工作
（图片来源：MDRS-76 乘组人员）

不成比例
（图片来源：MDRS-76 乘组人员）

土壤取样
（图片来源：MDRS-76 乘组人员）

工厂孤峰（请将福特车广告版税寄给尤安·莫纳汉）
（图片来源：MDRS-76 乘组人员）

夜幕下的天际线脊边缘
（图片来源：MDRS-76 乘组人员）

"哇"

（图片来源：MDRS-76 乘组人员）

2009 年 2 月 5 日日志，指挥官报告

"芒硝？什么是芒硝？……"

栖息地的第五个模拟日非常忙碌。我们上午进行了两次舱外活动，并在下午成功进行了一次探测器测试。两位地质学家将全地形车驶向堪德峡谷，希望收集玄精石和盐风化物等更多的样本。我们下午使用 XRD 分析仪分析了这些样本，在峡谷溪流的沉淀盐中发现了芒硝（一种硫酸钠盐，化学家喜欢称之为 $NaSO_4$，含有四个氧原子、一个硫原子和一个钠原子）。

与此同时，生物学家和指挥官进行了步行舱外活动，走向大致相同的方位，在多个深度（10cm 和 30cm）收集地下样本。由于舱外航天服系统出现问题（空气循环系统故障），舱外活动被迫提前结束，幸而没有产生进一步的后果。

昨晚安装了一个缺失的探测器组件。随后，我们对栖息地远程控制的探测器外部功能进行了测试，证明探测器功能已恢复正常，可以支持未来的舱外活动。然而，探测器计算机的中央处理器能力不足，无法处理额外的视频流。技术人员目前仍在研究这一问题。

除了野外和实验室调查之外，乘组人员仍在继续开展研究。每晚我们都要完成食物研究问卷及位置和时间评估表，从而可以提供航天员最终需要遵循的饮食规则，以及了解如何可以更好地改进栖息地的设计和内部布局。

栖息地系统一切正常。

由于乘组人员在午餐期间感觉很疲劳，因此大家决定睡个午觉。我们昨晚选择观看的 DVD 影片是经典电影《九霄云外》（*Outland*），执法官肖恩·康纳利（Sean Connery）在木卫一上打败了那些恶棍。今晚，杰弗里·亨德里克斯将举行一次关于欧洲航天局赫歇尔太空望远镜培训会。这次培训会很有意思，将涉及赫歇尔太空望远镜诸多方面，且对之前的培训会起到补充作用。

火星上发现了芒硝。地球上也有吗？

弗拉基米尔·普莱泽

76 号乘组指挥官

2009 年 2 月 5 日日志，舱外活动报告，丹妮尔·威尔斯报告

第 3 次舱外活动报告

时间：11：00—12：15

参与人员：弗拉基米尔·普莱泽，丹妮尔·威尔斯

现场位置：摩里逊岩层，距栖息地约 500m

交通方式：步行

目的：测试舱外活动条件下的土壤采样程序，包括使用螺旋钻和手铲挖 10~20 cm 深的洞，提取未受污染的土壤样本，封入无菌样本袋中，并记录位置。

获得的经验：如果戴着大号舱外活动手套，就很难避免样本污染。于是，我们决定在采集样本时戴上一副丁腈手套来解决这个问题。指挥官在行动中遇到了头盔故障（气流时断时续）问题，乘组工程师正在解决。

舱外航天服和系统状态报告

在 6 个舱外活动背包中，没有 1 个可以安全使用。有一个舱外活动背包的塑料外壳出现破损，我们使用帆布包裹，实现了一定程度的密封。然而，由于操作者姿势变化，导致活动背包的空气供应时断时续。

6 个背包中的 2、3、5、6 号的盖子好用，4 号的包体好用。这意味着只能重新组装出一个可以安全使用的舱外活动背包。

我们将尝试修复 3 号和 6 号的包体，希望最终再能有 2 个可用的背包。

另外 3 个损坏严重，无法修复，需要立即更换。

2009 年 2 月 6 日日志，指挥官报告

"与日常工作相比，内务活动更像是西西弗斯（Sisyphus）的惩罚：干净的变脏，脏的洗干净，日复一日不断重复，真是无休止的折磨"。 今天又该大扫除了……

第六个模拟日，76 号乘组决定清理栖息地。在吸尘器和勇气的加持下，乘组人员于下层甲板和生活区的不同位置各就各位，同时向灰尘、沙子、垃圾箱、空盒子发起攻击，在下层甲板成功回收了很大的空间。这项工作很有必要，我们都惊异于可以腾出如此大的空间。

今早，杰弗里·亨德里克斯将返回欧洲。作为欧洲航天局赫歇尔太空望远镜的支持小组成员，他将于不久后在法属圭亚那库鲁参与阿丽亚娜 5 型火箭发射活动。我们祝他和所有赫歇尔团队成员好运。⊖

在上午的清理活动后，我们在实验室继续对前几天收集的样本进行拉曼和 XRD 图谱分析。在昨天收到更新软件后，我们原本计划测试和部署探地雷达（GPR），但因沙漠强风而中止。但是，我们在栖息地下层对探地雷达进行了测试，以评估其功能。之后，两位地质学家继续对火成岩地区进行考察，寻找火山灰遗迹。我们还用显微镜研究了昨天在雪地上收集的嗜极生物（蓝绿藻）。此外，还研究了如何

⊖ 欧洲航天局赫歇尔太空望远镜是有史以来最大的太空红外望远镜。它于 2009 年 5 月 14 日成功发射，在 2013 年 4 月冷却液耗尽后坠毁。

在生物样本中应用拉曼技术，以获取成分光谱。

由于昨天的舱外活动背包系统事故，我们调查了所有舱外航天服和背包。结果显示，许多已经无法使用了。除此之外，所有的栖息地系统均一切正常。

在昨晚欧洲航天局赫歇尔太空望远镜培训会上，亨德里克斯提供了许多信息。这一新的科学工具将在未来三四年内为天体物理学家贡献许多数据。今晚是乘组人员的自由活动时间，他们可以在栖息地内从事任何合法活动。但是，我猜他们大多数人仍将继续工作……

发自一个干净的运转中的栖息地，向所有人致意。

弗拉基米尔·普莱泽

76号乘组指挥官

照片日记

谁把门撞开了？哦，原来是这个
迷你探地雷达
（图片来源：MDRS-76乘组人员）

"如果想下来，请提前告诉我们。"
（图片来源：MDRS-76乘组人员）

激光太强了……

（图片来源：MDRS-76 乘组人员）

丹妮尔的其他天赋

（图片来源：MDRS-76 乘组人员）

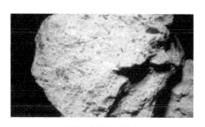

野外采集的样本

（图片来源：MDRS-76 乘组人员）

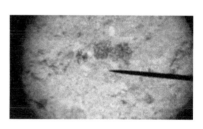

在显微镜下检查矿物

（图片来源：MDRS-76 乘组人员）

一起来找地质学家（一）

（图片来源：MDRS-76 乘组人员）

一起来找地质学家（二）

（图片来源：MDRS-76 乘组人员）

2009 年 2 月 7 日日志，指挥官报告

"好消息！聚合酶链式反应（PCR）检测设备已经到来……"

模拟任务的第七天发生了两件特别的事情。第一，新成员约书亚·达萨尔（Joshua Dasal）加入了乘组，他是著名的编剧，曾制作电影纪录片《脚下的火星》（*The Mars Underground*），他将停留两天。第二，无所不能的唐·卢斯科送来了 PCR 检测设备。此前，联邦快递在犹他州及其周边地区将该设备来回耽搁了许多天。

又是忙碌的一天，上午同时进行了两个地质学和生物学领域的野外考察，下午还有另外两个野外考察。整整一天，两位地质学家在栖息地山脊持续测试 GPR。他们记录数据，并发送给远程支持团队进行后续分析，以便校准仪器。我们还用拉曼光谱仪和 XRD 分析仪分析了其他样本。生物学家和其他乘组人员一起收集了嗜极生物，如内岩生微生物（生活在岩石内部或岩石矿物颗粒之间的微生物）和堪德峡谷周围的地衣样本，并送往实验室进行显微镜鉴定和分析。我们还用拉曼光谱仪和 XRD 分析仪进行了更多的分析。在另一次考察活动中，我们的客人约书亚·达萨尔和指挥官探索了利斯峡谷（Lith Canyon）和泥溪河的周边地区。

在维护方面。一台全地形车出现了故障：换挡脚踏因磨损发生松动。唐·卢斯科正在帮助我们修复。同时，我们也在排除舱外航天服和背包的故障，并进行临时修复，因此，可能最多会获得 3 套可用的舱外航天服。除此之外，所有的栖息地系统均运作正常。

应女同事的要求，所有乘组人员昨晚欣赏了一部与太空无关的 DVD 影片。我们兴高采烈地观看了尼古拉斯·凯奇（Nicolas Cage）的电影《天堂有难》（*Trapped in Paradise*）。在今晚的特别讲座中，由约书亚·达萨尔担任特邀嘉宾，并将放映他制作的电影《脚下的火星》。

当我们期待踏足火星时，祝各位在地球上享受宁静的夜晚。

弗拉基米尔·普莱泽

76 号乘组指挥官

照片日记

月亮从马斯克天文台上升起

（图片来源：MDRS-76 乘组人员）

工作中的天体生物学家

（图片来源：MDRS-76 乘组人员）

岩石表面菌群

（图片来源：MDRS-76 乘组人员）

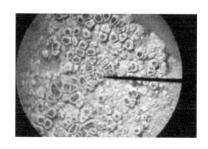

显微镜下的地衣

（图片来源：MDRS-76 乘组人员）

地质学家的游乐场

（图片来源：MDRS-76 乘组人员）

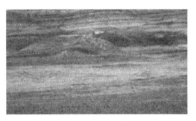

火星野生动物

（图片来源：MDRS-76 乘组人员）

未来两天的客人约书亚·达萨尔对着远景挑衅

（图片来源：MDRS-76 乘组人员）

2009 年 2 月 8 日日志，指挥官报告

"如果它出自英国人之口，听起来就更真实……"（约书亚·达萨尔在谈论《脚下的火星》）

今天（星期日）是模拟任务的第八天，很轻松的一天。乘组人员可根据个人时间表起床，这意味着我们都在上午 10∶00（而不是 8∶00）才开始吃早餐。虽然很轻松，但我们还是做了很多工作。

上午进行舱外徒步，下午进行岩石狩猎探险。

两位地质学家带着客人约书亚·达萨尔在栖息地山脊进行了近两个小时的舱外活动探险，寻找地质样本。他们在波光粼粼的沙海和干涸的河床中收集岩石。其中有一个是被未知黄色物质覆盖的奇怪样本（稍后会有更多介绍）。此外，用 XRD 分析仪进行了分析。下午，全体机组人员去利斯峡谷打猎，并发现了几个大型木化石样本。生物学家在上午设置了所有的 PCR 检测仪，并在下午的探险中收集了利斯峡谷的泥土和土壤样本。他们将使用 PCR 检测仪对这些样本整夜进行分析。

今晚，我们送别了约书亚·达萨尔，感到颇为不舍。仅仅两天，他就已经成为我们团队中不可或缺的一员。

在维护方面，乘组工程师成功修复了 3 个舱外航天服和背包，我们现在已经有 3 个可以使用的舱外航天服和背包了。今天下午还吹来了一阵强风，栖息地顶部的舱口保护盖被吹掉了两次，还好是连着的，我们把它放回原位并牢牢固定。除此之外，栖息地其他系统都一切正常。

昨晚，乘组人员与约书亚·达萨尔一起享受了独特的时刻。他向我们展示了他参与的电影纪录片《脚下的火星》，讲述了火星协会是如何诞生的。罗伯特·祖布林、克里斯·麦凯、佩内洛普·波士顿（Penelope Boston）等人都在电影中多次出现，其中有些场景就是在火星沙漠研究站拍摄的。我们一直和他谈论这部电影的制作过程，内容非常有趣（如报告开头的引文）。约书亚还向栖息地捐赠了他签名的电影 DVD。我们将其正式收入火星沙漠研究站存储库。我们相信所有第一次来到火星沙漠研究站的人都愿意欣赏这部电影。

昨晚是火星沙漠研究站的首映式，我们今晚要做些什么？

"火星人"和地球人，晚安。

弗拉基米尔·普莱泽
76 号乘组指挥官

照片日记

研究嗜极生物：指挥官弗拉基米尔
拽着生物学家丹妮尔
（图片来源：MDRS-76 乘组人员）

工程师的生活：尤安和弗拉基米尔
在修理屋顶舱口盖
（图片来源：MDRS-76 乘组人员）

哥布林和尤安

（图片来源：MDRS-76 乘组人员）

这是我们最后一次见到指挥官

（图片来源：MDRS-76 乘组人员）

侏罗纪时代的树化石（不，并不是指挥官脚下的石头）

（图片来源：MDRS-76 乘组人员）

2009 年 2 月 9 日日志，指挥官报告

"这个世界上没有普普通通的石头……"（斯特凡·彼得斯，此时指挥官正在丢弃一块看起来普普通通的石头）

星期一一早上，也就是模拟任务第九天，我们迎来了一位荷兰电视台记者（事实上，是网络采访）。今早，两位地质学家通过 Skype 软件（网络电话）接受了荷兰电视台科普节目的采访，并向记者解释了为何模拟火星任务对未来的真实火星任务非常重要。

此后，这两位刚刚成名的地质学家和生物学家去下蓝山平原（lower blue hills plain）采集样本。地质学家研究了从天际线脊延伸出来的冲积扇（风化层被流水冲走并沉积成的平原），试图再现当地的气候和区域构造隆升的变化；此外，还收集了一些黏土样本。他们与美国航空航天局的一名科学家合作，用 XRD 分析仪进一步分析了其他样本。我们使用拉曼光谱仪和 XRD 分析仪分析了昨天那个未知黄色物质，但其光谱与任何已知物质均不匹配，这说明它可能是有机物而不是矿物。分析工作仍在继续。

今早，生物学家在不同深度收集了更多样本，准备用 PCR 检测仪进行分析。PCR 检测仪已经安装完毕，但是电源接口数量不足，我们目前正在研究几种替代方案。

在天文学方面，我们的常驻天文学家兼乘组工程师已经完成了马斯克天文台的部分使用认证，其余部分也将很快完成。如果天气允许，今晚将会观测到半影月食。此外，我们正在准备观测星期三的木星射电爆发，并希望能够用栖息地前面安装的火星沙漠研究站射电望远镜进行观测。

在工程方面，仍在对探测器计算机进行测试，以确定如何可以有效地将其与视频流系统集成。

栖息地系统今天遭受了狂风暴雨的袭击。尽管我们昨天已将其牢牢固定，屋顶舱口盖仍然出现了多次位移。我们又多绑了几道绳子，希望它能够挺过这个夜晚。我们还研究了马斯克天文台的圆顶，然而无法找到固定圆顶而不让它被大风吹动的方法。所有其他栖息地系统均一切正常。

在度过星期六的神奇之夜之后，乘组人员决定在星期日晚上好好休息，安静地过一夜，讨论讨论，发发电子邮件。今晚，地质学家斯特凡·彼得斯将举办一场培训会（见本报告开始的引文），他将用一些具有争议性的地质学理论征服我们。

所以，让火星岩石带我们奔向地球吧。

弗拉基米尔·普莱泽
76 号乘组指挥官

照片日记

屡教不改的舱口

（图片来源：MDRS-76 乘组人员）

这就是生活，吉姆……

（图片来源：MDRS-76 乘组人员）

锋面逼近

（图片来源：MDRS-76 乘组人员）

怎么跟我们了解的不一样？斯特凡在沉思

（图片来源：MDRS-76 乘组人员）

在温暖的室内工作绝对是一个美好
的下午。计算机前的阿努克
（图片来源：MDRS-76 乘组人员）

锋面终于来临
（图片来源：MDRS-76 乘组人员）

2009 年 2 月 10 日日志，指挥官报告

"让我们再拍一次，但这次用英语！拍两张……"［*比利时电视
台记者休伯特（F. Hubert）午后体验舱外活动*］

模拟任务第十天又是忙碌的一天。我们迎来了两个比利时电视台
的访客，他们为一个科普节目来录制我们的活动，会在这里工作
两天。

两位地质学家今早前往拉什莫尔山（Mount Rushmore）地区，希
望能够采集到火山灰样本。根据图片比较和成分比对，显示该地区可
能存在火山灰。他们还设法带来了更多的样本，并用拉曼光谱仪和
XRD 分析仪进行了分析。

由于已经找到了为 PCR 检测仪供电的解决方案，乘组生物学家
花了一整天来制备和纯化样本，并提取 DNA，以便通过 PCR 技术在
这个晚上进行繁殖。

在天文学方面，已经完成了天文台使用课程。鉴于明天（2009
年 2 月 11 日，星期三）可能会发生木星射电爆发，我们测试了射电
望远镜的设置和控制程序。

指挥官和执行官今天下午进行了双人舱外活动，前往半圆脊峡
谷（Half Circle Ridge），电视台记者全程拍摄（见本报告开始的引
文）。在唐·卢斯科的帮助下，我们今天再次检查了全地形车变速

脚踏，发现它已经无法使用，需要更换。此外，所有的栖息地系统一切正常。

斯特凡·彼得斯昨天举行的培训会非常有趣，从石油形成的沉积盆地斜坡带开始，一直讲到第一个多细胞海洋动物的出现。今晚，由于乘组人员仍然忙于整理报告和电子邮件，我们决定趁大家都在工作时享受一些令人感到"冷静"的音乐。

因此，我在这忙碌喧嚣的"火星"祝愿各位享受一个宁静的夜晚。

弗拉基米尔·普莱泽

76 号乘组指挥官

照片日记

"火星"上的大风天

（图片来源：MDRS-76 乘组人员）

载人的全地形车

（图片来源：MDRS-76 乘组人员）

剥落的火山凝灰岩
（图片来源：MDRS-76 乘组人员）

弗拉基米尔在洗漱时接受采访
（图片来源：MDRS-76 乘组人员）

他们不需要穿航天服吗?!
（图片来源：MDRS-76 乘组人员）

他一直都在这里！
（图片来源：MDRS-76 乘组人员）

说明

聚合酶链式反应（PCR）是一种用于放大扩增特定的 DNA（脱氧核糖核酸，一种几乎存在于所有生物染色体中的作为遗传信息载体的自我复制物质）片段的分子生物学技术。PCR 技术能够将 DNA 片段放大几个数量级，并复制几千至几百万个副本。因此，可将其视为一种非常简单的允许复制原始 DNA 链的化学"影印"过程。这是一种便捷、廉价但功能强大的工具，用于扩增 DNA 片段，从而改善不同成分的识别信号。PCR 技术由卡利·穆里斯（Kari Mullis）在 1983 年发明，并为其赢得了 1993 年诺贝尔化学奖。

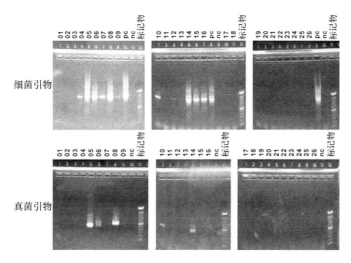

77 号乘组人员在火星沙漠研究站完成的 PCR 实验图像

（图片来源：C. S. 蒂尔等人，2011 年）

细菌引物

真菌引物

2009 年 2 月 11 日日志，指挥官报告

"我们将对传感器和软件进行测试，当我们在栖息地生活和工作时，这些传感器和软件将帮助我们管理发电机和电池。"（比尔·克兰西）

模拟任务的第十一天发生了一场灾难和一个奇迹，或者说死亡和重生。今早，这台忠实的我们使用了两个多星期的辅助发电机意外停机了。指挥官和执行官刚刚起床，还没吃早餐就去处理这个事情（这是场灾难）。我们拼命想让它启动，但无济于事。我们给唐·卢斯科打电话求助，他赶来检查一番，然后告诉我们有一个垫圈正在快速漏油，这就是停机的原因。幸运的是，我们仍然可以使用电池储存的电力，但不能用太久。我们开始考虑让栖息地以最小功率运行，包括不再进行保暖加热，也不烧热水等。第二天下午，唐·卢斯科回来了，他的表情让我们感到放心。果然，他"救活"了一台名为温迪（Wendy）的旧发电机，几周前它刚刚被宣布"死亡"，但现在又能用了。我们现在又回到了全速运行模式，所有人都松了一口气，因为我们总算不需要钻进粗呢睡袋，并身披厚厚的夹克去面对寒冷的夜晚。

　　尽管这场电力斗争持续了一整天，但我们仍然进行了其他工作。今天上午，有3人进行了舱外活动，在此期间，2名地质学家和生物学家向比利时电视台记者演示了如何进行舱外科考活动。2名地质学家使用探地雷达对栖息地山脊上的倒置河床进行了剖面分析，以确定是否可以看到覆盖在达科他砂岩下的结构。他们将向远程支持团队发送数据，以进行详细分析。生物学家在不同深度收集了更多样本，对其进行了完整的PCR检测分析。今天半夜左右，我们将使用火星沙漠研究站射电望远镜观测木星射电爆发。在获得马斯克天文台的使用认证后，我们已经收到了目镜和摄像系统。

　　今天，使用曾淘汰的发电机温迪替换辅助发电机耗费了大部分时间，并可能掩盖了其他问题。除此之外，栖息地其他系统一切正常。

　　虽然昨晚既寒冷又忙碌，但今晚阿努克·博斯特将举行一次月球地质学培训会。两位客人，比利时电视台的弗朗索瓦·休伯特（Francois Hubert）和汤姆·万托雷（Tom Vantorre），也将参加。

　　我们正在重获新生并由强大发电机提供热力的一个"火星"上，祝各位享受一个宁静的夜晚。

弗拉基米尔·普莱泽
76号乘组指挥官

照片日记

今天唯一有意义的照片……

（图片来源：MDRS-76乘组人员）

2009 年 2 月 12 日日志，指挥官报告

"很多人喜欢雪；但我发现，它其实是对水进行的不必要冻结……"
[卡尔·雷纳（Carl Reiner）]

模拟任务第 12 天。尽管下午开始下雪，但 76 号乘组人员再次在实验室和野外进行了突破性的科学研究。

两位地质学家更新了他们收集的地质样本数据库，并在实验室继续用拉曼光谱仪进行了分析。野外工作的生物学家穿得像个机器人，她在手套上安装了一个摄像头和一个送话器（麦克风），并与背包中的笔记本计算机相连。她成功收集到了新样本，准备用于进一步的 PCR 检测分析，同时通过视频向栖息地的远程操作员说明所有已完成的野外作业。这项技术试验的目的是，加强野外乘组成员对基地的实时报告能力。

下午，我们从木星接到了一个难以理解的信号。不，这不是关于外星人的笑话。我们将射电望远镜设置为 20.1MHz，以接收木星磁场 A 区与木卫一之间的无线电发射信号。效果如何？跟"请在哔声后留言"之后的那种声音差不多。

比利时电视台记者拍摄了几个日常生活场景，包括早餐和实验室工作等。他们将在离开前拍摄栖息地周围和坎多耳峡谷的外部场景。

所有的栖息地系统都运转正常，尤其是翻新的发电机温迪，兢兢业业地提供了全部的电力。

昨晚，地质学家阿诺克·博斯特主讲的培训会非常有趣，尤其是关于月球南极艾托肯盆地（Aitken basin）的地质方面。她差一点说服我们动身前去采集岩石样本。今晚，轮到指挥官举行培训会，他将讲述航天研究副产品，或者失重和微重力现象。

我们希望地球上一切顺利。我们在白雪皑皑的"火星"平原，向各位送上我们的祝福，晚安。

弗拉基米尔·普莱泽
76 号乘组指挥官

2009 年 2 月 13 日日志，指挥官报告

"面包日快乐！"（斯特凡·彼得斯今早做面包时大喊）

模拟任务第十三天，我们开始评估完成的工作，同时意识到，这里的经历很快就要结束，我们将不得不让 77 号乘组的同事接手，由其继续实施欧洲地缘火星项目的火星模拟任务。因此，我们必须把一切安排妥当，整理仪器使用程序、提示和技巧，完成数据库，提交报告，等等。

我们仍然发现了许多样本，并带回做最后的分析，而且还有新的惊喜哟。两位地质学家和生物学家一起前往"白石峡谷"（White Rock Canyon）和栖息地山脊下的拉什莫尔山采集样本。他们发现了含有相同未知黄色物质的岩石，这种（可能的）盐的数量引发了许多问题。在地质学家抓耳挠腮之时，生物学家在不同地点以及 10cm、30cm 和 60cm 的深度收集了 10 个样本，用于进一步的 PCR 检测分析。

我们今天下午进行了两个小时的探险和考察，主要探索栖息地东部的北平托山（North Pinto Hills）。指挥官认为，在下一次模拟任务中，还有更多的事物有待发现……

当模拟任务接近尾声时，我们开始填写两份关于乘组人员印象和乘组人员沟通交流的通用问卷，以便为将来的行星栖息地研究提供第一手资料。这两份问卷篇幅很长，问题密密麻麻，栖息地因而迎来了异乎寻常的静默时刻。

在栖息地逗留的两个星期里，每个人都在努力汲取这些重要的经验。

栖息地自昨日以来并无特殊情况，一切正常。

指挥官昨晚举行了关于失重和抛物线飞行的培训会，所有乘组人员都兴致勃勃，毫无倦意。今晚将由执行官、工程师、天文学家举行"土卫六任务"培训会，期待最后一次培训会能取得更好的效果。我们希望很快能在地球上见到各位，工作收尾中的"火星"乘组人员送上祝福。

弗拉基米尔·普莱泽

76 号乘组指挥官

2009 年 2 月 13 日日志，指挥官报告

"来自火星的小绿人…现在正在发光……"（弗拉基米尔·普莱泽）

76 号乘组人员昨晚过得很开心。今天是 2 月 13 号，星期五，因迷信而生的恐惧有那么一瞬间是真实存在的。这一切都源于那些神秘的未知黄色样本，它们在过去几天一直困扰着我们。我们收到了一封来自任务支持人员的电子邮件，建议我们使用盖革计数器来确认这些样本是否具有放射性，因为栖息地附近有铀矿。若果真如此，这些黄色样本可能是一种名为"黄饼"（Yellowcake）的铀盐。

肚子有些饿了，我们先去吃晚餐，然后思考后续步骤。我们设计并采用了样本隔离、去污和清洁程序。我们还希望测量实验室是否真的有放射性污染，但却没找到盖革计数器（只找到一个空外壳）。在将所有样本材料装入双层塑料袋并将所有东西放入栖息地外的容器后，我们最终发现了一个盖革计数器。测量结果证实，样本具有轻微的放射性，小于 $1\mu Sv/h$（微西弗每小时，辐射测量单位），大约相当于高空飞行受到的辐射量。因此，完全不用担心。尽管如此，所有乘组人员昨晚必须洗澡，并擦洗全身，尤其是指甲缝。所以，不会出现闪闪发光的"火星人"了……

今天是模拟任务的最后一天，我们花了很多时间做最后的工作：拍照、清理、整理、完成昨天的问卷等。

午饭后，我们决定和生物学家一起进行汽车探险，她坚持使用舱外活动模式收集最后一批样本。所以我们的目标是，在三个小时内途经天际线脊以及工厂孤峰后面的高原。台地和山谷的景色令人惊叹。我们找到了一个地点取样，然后返回栖息地，完成所有剩余的报告和问卷。

昨晚，执行官、工程师、天文学家并未举行"土卫六任务"培训会。显然，防辐射去污和清洁程序占用了太多时间。培训会另选他日。今晚，乘组人员将自由活动，以便完成各自的任务、内务、报告和问卷等。

冯·布劳恩曾经说过，"有两样东西阻碍人类飞往太空：重力和文书工作"。我想我们已经解决了重力问题，希望文书工作永远不会成为前往火星的障碍。我们祝各位一路平安。

弗拉基米尔·普莱泽

76 号乘组指挥官

照片日记

我们作为乘组人员的最后一天

（图片来源：MDRS-76 乘组人员）

"弗兰克，感谢"！斯特凡和阿努克感谢他们的同事弗兰克

（图片来源：MDRS-76 乘组人员）

"火星上"也有情人节

（图片来源：MDRS-76 乘组人员）

巍峨的工厂孤峰

（图片来源：MDRS-76 乘组人员）

异常倾斜的摩里逊岩层

（图片来源：MDRS-76 乘组人员）

名副其实的幽灵牧场（Ghost Ranch）（什么都没有）

（图片来源：MDRS-76 乘组人员）

10 再入沙漠后记

后续

那么，后来发生了什么？先说说目前的模拟任务，我们突然就迎来了离别时刻，没有时间一一详述后来的事情。下一批欧洲地缘火星项目火星模拟实验任务乘组于2月15日（星期日）抵达，我们所有人向研究站77号乘组人员汇报了各自的情况。我与77号乘组指挥官伯纳德谈了好久，告诉他发生的一切，有哪些工作完成或没完成，以及轻微放射性黄饼样本的位置。还有，我在2月13日（星期五）和14日（星期六）晚上收到了罗伯特·祖布林的电子邮件，确认这些样本绝对没有任何危险。4位地质学家和3位生物学家愉快地讨论着岩石样本和生物研究方面的进展。他们已经在两个实验室开始工作了。星期日下午，我们两个乘组享受着户外的新鲜空气（对于与世隔绝两周的我们来说，真是甘之如饴），一起长时间漫步，然后一切就结束了。之后，收拾行李，上车离开。我们直接开车前往大章克申，抵达后，各自狼吞虎咽地吃了一大块牛排，并在一家汽车旅馆好好睡了一觉。最后，大家乘坐各自航班离去。

一如既往的是，我离开时的心情，既奇怪，又复杂。一方面，离开栖息地让我很难过，因为与这些才华横溢的乘组人员一同生活两个星期是一次非同凡响的经历；另一方面，我又很高兴能重归自由并享受"正常"的食物。但是，我也感到有些失望，说不上具体是什么原因。根据我7年前的记忆，栖息地并没有太大的改变，这或许是一件好事；然而，栖息地并没有更新和完善。我们7年前提出的主要建议之一就提到一劳永逸地解决各种小问题，如发电机、水泵系统、舱外航天服、风扇和电池组等问题。这方面非常令人失望，因为自第一个轮换季过去整整 7 年后，栖息地仍然需要进行如此多的修补和维护。而且我还发现，仅靠志愿者和科学家的善意付出并不公平，他们本应在极端环境中进行实验和研究，而不是来执行维护和维修任务。但是，如果这是必须要付出的代价（每个参与者还必须支付 500 美元），那就只能付出了。

成果总结

从运作角度来看，76 号乘组轮换工作总结如下：在组装、测试和部署了相应仪器后，我们立即开始了野外科学实验。我们收集了数十个地质和生物样本，并在栖息地实验室进行了分析。然而，必须指出的是，由于美国海关问题，PCR 检测设备延迟一周到达，导致实验室生物样本方面的工作推迟执行。之后，我们将数据发送到欧洲和美国远程科学支持团队进行后续评估和分析。地质调查主要涉及从周围岩层取样，并进行地球化学分析。我们为此使用了一些专门针对未来太空飞行任务开发的小型仪器，包括一台 XRD/XRF 分析仪（Terra 158）、一台拉曼光谱仪（InPhotonics）和一台 VIS/NIR 成像光谱仪（OceanOptics）。我们的采样范围从侏罗纪莫里逊组（Jurassic Morrison Formation）地层的火山灰层到黏土层、砂岩，以及玄精石和方解石等纯晶体、木化石、荒漠漆皮和盐霜，共提取了约 50 个样本，并分析了其化学成分（XRF）和矿物学含量（XRD、拉曼、VIS/NIR）。此外，还在野外活动发现了盐霜土壤中的亮黄色沉积物。我们通过异常谨慎的手段用现有设备进行取样和分析。在远程科学小组的帮助下，使用了盖革计数器进行测量，最终确定这些样本是一种名为"黄饼"的铀盐。在取样和分析过程中，需要建立并维护详细的样本数据库，包括样本描述、地质背景和测试结果。我们使用手持磁化率仪进行原位磁化率测量，还使用美国航空航天局最新开发的小型 GPR 确定地下参数，以研究古河道（或"老河道"，指被后来的沉积物填充或掩埋的古河流的遗迹）的结构。

生物学调查的主要目的是分析生活在火星沙漠研究站地区土壤中

的微生物群落。这项调查涉及野外和实验室工作：需要在野外 10cm、30cm 和 60cm 深度进行土壤采样，无论是否处于舱外活动工作条件；然后在实验室提取 DNA 并进行 PCR 检测分析。DNA 提取和 PCR 检测分析的样本来自不同地点的土壤。样本 PCR 检测分析工作有所推迟，要等待完成最后的必要步骤（琼脂糖凝胶分析）。这一最后步骤由 77 号乘组的生物学家完成，他们在 76 号乘组离开后继续调查了两周。栖息地生物实验室仅在轮换的最后一周才开始全面投入运行。由于美国海关和电力变压器的问题，实验室工作一直时断时续。只有到最后一周，才按照规程成功完成第一组样本的分析。所有的调查研究都可以通过这个简陋的实验室顺利、高效地完成。这说明，这种规模的实验室对于此类性质的精细科学操作已经足够。收集的样本是需要尽快分析的，但设备延误导致了野外调查迟迟难以开展。在任务的第一周，生物学家与地质学家合作，共同进行了第二次生物学调查，同时为首次野外调查演练了样本采集方法。第二次调查包括，评估栖息地的生物污染状况，以及在实验室对雪藻、地衣和岩内生物样本进行分析。在使用多种挖掘和钻孔设备进行多次试验后，我们发现从深处提取土壤样本的最佳方法是，将手铲和螺旋钻结合使用。

栖息地的运行维护占据了大部分工程时间，特别是，小型备用发电机故障不断。为了维护这台发电机，我们需要每天手动加油，以及每天至少进行两次漏油测试和其他检查，这严重降低了乘组人员的工作效率。在轮换的最后几天，我们改用更可靠的油浸自冷式发电机，大大节省了耗费的时间。

完成其他的工程任务：拆卸了所有 6 个舱外活动背包，检查并记录了状况，其中 3 个可在修理后继续使用。在我们行驶到半程时，一辆全地形车的换挡机构失灵了。调查发现，该装置已经磨损，更换工作是在我们离开火星沙漠研究站之后完成的。此外，我们在解决计算机问题时浪费了大量时间，这主要是由网络连接时断时续和上传带宽不足导致的。

除了保持栖息地的电力、供水和卫生之外，我们在火星沙漠研究站期间还从事了两个涉及远程音频视频流的工程项目。第一个是评估从卡内基梅隆大学借来的远程操作探测器系统，确定其能否升级应用高分辨率的流视频；第二个是改进野外音频视频设备，将其用于远程协助和数据记录。这两个项目为下一批欧洲地缘火星项目火星任务乘组打下了良好的基础。第三个项目（火星导航系统）由于缺乏必要的材料而推迟，只进行了一些初步勘测。

在野外作业方面，仅进行了 8 次涉及地质、生物、技术和勘测的舱外活动。其原因有二：舱外活动用的航天服和背包的状况很差，而且自轮换开始就只有两辆全地形车可用，其中一辆还在一周后发生了故障。

在人员方面，76 号乘组最初有 6 名人员。然而，在一周后杰弗里·亨德里克斯离开时，普嘉·马哈帕特拉并未赶来接替。后者由于签证问题，未能前来加入第 76 号乘组。有 3 名记者先后到访：约书亚·达萨尔（美国编剧），2 月 7 日；弗朗索瓦·休伯特和汤姆·万托雷（比利时电视台记者），2 月 11 日。我们在半封闭和半隔离状态下度过了两周，乘组人员之间建立了良好的关系，彼此帮助、相互合作的意识与日俱增。没有任何人出现心理问题，并且培养了极强的团队合作精神。

社会活动由整个团体负责。所有饭菜都由单人轮流准备，并由其负责全天的厨房杂务。我们一同用餐，并利用这个时间制定计划、安排或取消考察和乘组人员活动。其他的团队活动在晚上进行，每个乘组人员轮流进行培训，观看 DVD 影片或听音乐。

吸取的教训和建议

在轮换之后，我们再次讨论了这个问题，并总结了一系列经验教训和建议（见下文），其中一些非常重要。

在第一次轮换中吸取的经验教训（下文用*斜体*表示）可分为五个部分：栖息地资源、栖息地布局和设备、舱外活动程序和设备、人员日常生活和人际方面。

乘组人员在维修、修复某些子系统，以及在解决其他一些子系统的运行问题时，花费了大量时间，这些是在栖息地面临的主要困难。乘组人员是最特殊，也是最重要的任务资源，特别是那些从事野外科学研究的人员。因此，乘组人员在解决栖息地子系统故障方面花费这么多时间并不合理。

在设计行星栖息地或研究实验室时，应尽量缩短乘组人员的维护时间。只有在特殊情况下，才需要乘组成员进行维护修理，但这不能成为他们的日常工作。

（1）栖息地资源

栖息地最重要的任务资源是电力、供水和通信能力。

火星沙漠研究站栖息地依靠电池（位于栖息地下方）和外部柴油发电机（位于外部工程区）供电。由于两台主发电机之前出现了故障，在76号乘组来轮换的10天前，这里使用了一台辅助柴油发电机，并需要每天加注柴油并监控状况。这台辅助柴油发电机多次出现故障，导致断电，每次都需要乘组工程师重启。乘轮换10天后，辅助发电机停机了整整一夜，并且无法重启，乘组人员被迫硬抗接近0℃的寒冷天气，栖息地只能依靠电池在限电模式下（没有暖气、热水，额外电气设备不能工作）运行。汉克斯维尔当地的技术支持人员在故障当天快结束时重启了一台主发电机。

没有持续的电力，行星栖息地或研究实验室就无法运作。可靠的电源（无论是发电机、发电厂，还是主电网连接）是栖息地必不可缺的。

大水箱位于外部工程区，并连接到栖息地水管系统。然而，外部水管系统已经上冻，无法通水。我们使用了栖息地附近的辅助水箱（大约500L），汉克斯维尔当地的技术支持人员负责定期补水。由于损坏的水泵无法更换，无法将水泵入栖息地的水管系统，因此需要乘组人员每隔一天将10大桶水从外部水箱拎至阁楼，并倒入60L的水箱中。这种日常操作被称为"水桶队"，每次耗时30~60min。让乘组人员自己运水并不合理，除非特殊情况，否则应尽量避免。

"水桶队"在工作

（图片来源：MDRS-76 乘组人员）

使用栖息地电源将水加热，用于饮用、洗碗和淋浴。

栖息地或研究实验室需要连续供应冷热水，在设计时，应保证在规定的每日限量内提供冷热水，而无须乘组人员亲自注水。

关于轮换期间的日常操作，乘组人员依靠电子邮件与虚拟的任务支持中心和远程科学支持团队通信。任务支持是虚拟的，因为任务支持成员并不在一个地方，而是分散在整个北美（美国和加拿大），每天只在有限的时间内（1h）通过电子邮件与我们联系。此外，并没有其他外部通信手段（在火星沙漠研究站附近手机没有信号）。

互联网（以及电子邮件）必须依靠栖息地的几个局域网或与卫星天线连接的 Wi-Fi 服务器才能发挥作用。两个技术问题经常干扰此项任务：第一，带宽有限（下载 1.5 为 Mbit/s，上传为 365kbit/s，每天最大传输量为 300MB）。带宽受限，导致无法传输大文件，使野外乘组人员和远程科学支持团队之间难以交换科学文件和信息，降低了科学操作的质量。第二，发射天线经常出现故障或没有信号，导致所有通信中断。这一问题万万不该发生在前沿领域科学研究环境下。

因此，栖息地或研究实验室需要可靠的互联网通信系统，并有足够的带宽，可支持科学操作，以及与远程地面支持团队之间交换数据。

（2）栖息地布局和设备

火星沙漠研究站的栖息地是在 2001 年利用有限的私人资金建立的。尽管总体而言尚属合格，但一些子系统和内部布局需要定期维护或更换。多年来，历经数次"临时修复"后，某些子系统明显不够模块化（例如，请参阅有关局域网和 Wi-Fi 服务器路由部分的内容）。这种临时解决方案日复一日地积累，将损害栖息地的整体功能和乘组人员的舒适性（有时还有安全性），因此必须予以改善和优化（这里的舒适性，应理解为保证乘组人员最低限度的夜间充分休息，以及保持栖息地内部的正常温度）。

- 供暖系统

沙漠的冬季很冷，白天温度接近 0℃，晚上低至零下。虽然栖息地安装了一套供暖系统，但它在加热之余，还产生了相当大的噪声，白天尚可忍受，但晚上会妨碍睡眠。供暖系统在停电期间关闭，会导致温度迅速下降，让人整晚冷得瑟瑟发抖。而在白天，即使将下层甲板的供暖系统打开，温度也仅略高于 0℃。乘组人员必须穿着厚衣服工作，甚至在需要精细处理和操作时也要戴着手套。

为了降低噪声，提高环境温度，保证为乘组人员提供必要的舒适度，在设计栖息地或研究实验室时，需要针对下层和上层甲板提供静音、高效的独立供暖系统。

- 上甲板

● 局域网和 Wi-Fi 服务器连接

局域网和 Wi-Fi 服务器（见照片）明显不够模块化。

在设计栖息地或研究实验室时，需要充分考虑系统的模块化，

允许主要子系统（如互联网连接）不时升级。

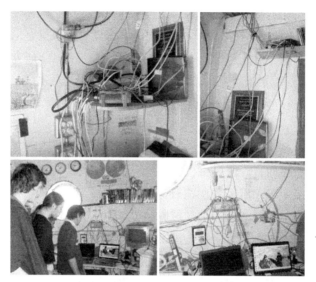

栖息地上层甲板局域网和 Wi-Fi 服务器的互联网电缆布线

（图片来源：MDRS-76 乘组人员）

关于上述问题，可与 2002 年模拟任务时的情形对比

（图片来源：MDRS-5 乘组人员）

- 计算机桌

在模拟任务的过程中，计算机的数量比乘组人员还多。这种情况难以避免，因为无论是栖息地系统监测、实验准备还是数据分析，方方面面都需要使用计算机，由此导致计算机桌过度拥挤。乘组人员经常在其他地方使用笔记本计算机工作（个人房间、中央主桌、实验室……）。导致这个问题的部分原因是，一些栖息地系统随着时间推移而发展扩大，并且在监测这些系统时，需要在先前系统中引入附加的监测电路和计算机。

为了避免计算机和电子系统过度拥挤，在设计栖息地或研究实验室时，需要充分考虑系统模块化，使之可随着时间推移升级主要子系统，从而实现栖息地系统和实验的监测。

计算机桌上有许多计算机

（图片来源：MDRS-76 乘组人员）

- 厨房设施

厨房位于栖息地的一角，由橱柜、双水槽、热水系统、冰箱、燃气灶（无抽油烟机）和微波炉组成。燃气灶上方安装了空调。乘组人员轮流用自来水洗碗。我们使用可生物降解的肥皂，怀疑论者可以放心了，不会对生态环境造成破坏的。

为了节省乘组人员的时间并尽可能减少用水量，应避免用手洗碗，厨房设施中应配备自动洗碗系统（洗碗机）。

尚未洗碗的厨房水槽和工作台（左）和一名乘组人员在厨房水槽里洗碗（右）
（图片来源：MDRS-76 乘组人员）

- 舱房设施

由于栖息地上层甲板的空间有限，6 个舱房非常小，但用来睡觉还是足够的。在夜间气温急剧下降时，需要使用冬季睡袋，并躺在窄木板上。每个舱房都有最简单的设施：一盏昏暗的灯，一张（非常）小的桌子和一些挂钩。

舱房
（图片来源：MDRS-76 乘组人员）

　　为了提高乘组人员的舒适度，应在有限的空间内改进舱房的设计，增加一个额外光源、一个存放个人物品的小柜子或抽屉，以及一个床垫。

● 阁楼和屋顶舱口

　　在6个舱房上方有一个阁楼，可用于贮物。屋顶舱口最初通过圆形的透明塑料窗提供额外的照明。历经多年风雨后，这扇窗户已被强风摧毁，由更坚固的木箱取代。这个木箱被狂风吹走了好几次，后来，我们用绳子将其固定，绳子另一端绑在屋顶和阁楼地板上。有一次，为了在暴风雨中收回这个木箱，需要一人爬进舱口，并由另一人在后边抓住他。

捆绑在屋顶和阁楼地板上的屋顶舱口

（图片来源：MDRS-76乘组人员）

为了提高乘组人员的安全性并避免潜在的危险，屋顶舱口应妥善设计，足以抵御强风。

- 纸质档案和办公用品

火星沙漠研究站的研究活动已持续了 7 年，导致许多书籍、手册、地图、报告和其他纸质档案堆积在上层甲板，大多放在圆形计算机桌上方的架子上，也有少部分放在计算机桌上。此外，圆形计算机桌上还散落着许多文具、电子设备和其他办公用品。

计算机桌上方书架中的书籍和手册，以及计算机旁边的办公用品
和其他纸张。左图可看见厨房冰箱
（图片来源：MDRS-76 乘组人员）

为了腾出一些空间，书籍、手册、地图和报告都被放在箱子里，并堆在阁楼上。尽管大家都认为必须妥善保存档案和重要纸质文件（栖息地系统手册、区域地图……），但经过日积月累，已经无法区分哪些文件和报告是否重要。此外，过多的纸质文件还会有火灾危险。

为了节省乘组人员的时间，并在有限的工作区域提供足够的工作空间，应对重要的纸质档案（栖息地手册、地图等）进行扫描，以数字形式集中存储在栖息地数据库中。

- 下层甲板
- 地质和生物实验室

地质学和生物学实验室区域足够宽敞，可同时进行两个学科的研究。然而，实验室的地板有时会堆满包装箱和贮存箱，导致很难进入实验室的某些区域。更重要的是，这也会让乘组人员很难及时到达疏散出口。此外，实验室地板都是金属的，通过螺栓固定在下面的木质结构上，导致功能性极差：首先，人员出入和大风将灰尘和沙子带入，并在地板上聚积；其次，金属地板结构无法实现隔热。另外，这里积累了多年来的许多样本，也有很多不再使用的实验室材料，加之地板上的大量包装箱，导致野外科学家的工作不易开展。

为了提高实验室工作效率及乘组人员的舒适性和安全性，在设计实验室时，应采用有效措施避免外部灰尘和沙子在实验室聚积；要设计足够的空间存放箱子和所需的实验室设备，保证最佳温度，定期盘点所有实验室设备，并丢弃不再使用的实验室设备和样本。

美国地质学合作者在地质实验室桌子上展示 XRD 分析仪（左）和拉曼光谱仪（右）
（图片来源：MDRS-76 乘组人员）

实验室生物区
（图片来源：MDRS-76 乘组人员）

生物学（左）和地质学（右）实验室
（图片来源：MDRS-76 乘组人员）

- 舱外活动准备间和气闸舱

舱外活动准备间用于存放所有舱外活动设备（6 套模拟航天服、头盔和背包；更多内容，请参阅下文有关设备部分）。准备间最多可以容纳一名出舱人员和两名助手。如果多名乘组人员需要穿戴装备，就必须轮流进入，然后在实验室区等待，但这会将更多的灰尘和沙子带入实验室。舱外活动气闸舱（前面）和工程气闸舱（后面）的内门边上都有一个高台阶，而两个外门都无法正确关闭，需要维修。

为了提高栖息地下层甲板的清洁度，在设计气闸舱、外门和舱外活动准备间时，应采取有效措施避免下层甲板聚积灰尘和沙子。此外，舱外活动准备间必须足够大，允许多名乘组人员穿戴装备。

舱外活动准备间（左）和整装待发的乘组人员（右）

（图片来源：MDRS-76乘组人员）

穿好装备后（右），乘组人员在实验室区等候（左）

（图片来源：MDRS-76乘组人员）

- 浴室和卫生间

小浴室配有水槽、淋浴设施和储物柜，位于卫生间旁边。为了节约用水，乘组人员轮流使用热水淋浴（连接到厨房的水加热系统），每三天一次（每天两人）。所有的清洗工作都使用可生物降解的肥皂，刷牙时使用碳酸氢钠，用以消除怀疑论者对生态破坏的担忧。浴室水槽和卫生间里没有自来水。在不洗澡时，我们使用冷水桶来冲洗和冲厕。参见上文关于水的建议。

（3）舱外活动程序和设备

为了在模拟模式下进行野外工作，乘组人员穿着模拟舱外航天服，戴上连有两个空气管的头盔，其由背包中的一对风扇吹入空气。在进行长距离舱外活动时，背包里会放入一个水袋，通过一个导管接入头盔。我们使用连接到头盔上的小型便携式无线电设备进行通信，采用 VOX 模式（语音激活模式，不实用）或 PTT 模式（按键通话模式，通过安装在头盔支撑套环上的按钮激活）。此外，还配有厚手套和靴子。需要通过手指延长部分（指甲，铅笔……）的敲击来激活仪器键盘上的按键。当使用全地形车进行舱外活动时，可在航天服前臂上安装后视镜。这些舱外航天服具有足够真实性，可以模拟缺乏机动性、手指不精确和不灵活、视野有限等真实舱外活动中遇到的各种情况，用于训练乘组人员适应舱外航天服、手套的不同人体工程学条件。根据经验，乘组人员需要花费 30~60min 来穿戴装备，包括头盔（在面窗表面涂肥皂水以避免起雾）、检查无线电、戴手套的手指伸展和后视镜。

全地形车是扩大探索和考察范围的得力工具。很明显，出于安全考虑，舱外活动至少需要两名乘组人员，且乘组人员之间始终保持无线电联系；与此同时，由栖息地的指令舱宇航通信员进行监控，并由其记录舱外活动期间发生的所有事件。

– 舱外航天服和背包

火星沙漠研究站的舱外航天服通常是一件套或两件套。我们在第一次轮换中发现，在 6 套航天服中，有 3 套由于破损而无法使用。同样，手套也破破烂烂。在 6 个背包中，有 5 个出现外壳破损，并已用胶带修复或固定了多次。通气由充电电池供电的风扇来保证，由于背包外壳内外没有足够的压差，导致通气时断时续。在一次徒步舱外活动期间，风扇停止运行，导致空气供应中断，一名乘组人员被迫暂停舱外活动。

为提高野外工作效率、乘组人员安全性和舱外活动的代表性，在设计舱外航天服和背包时，必须充分考虑模块化，以便维护和定期更换。

– 全地形车

在第一次轮换期间，栖息地只有两辆全地形车，而不是要求的三辆。其中一辆在大约一周后出现故障（换挡脚踏卡住）；虽然临时进行了修理，但最终还是完全失效了，导致全地形车无法使用。另一辆全地形车的前轮慢撒气，需要定期补充轮胎压力。

如果只有一辆全地形车，将使乘组人员难以进行长距离舱外活动，因为不允许乘组人员单人驾驶全地形车外出。在使用全地形车进行长距离舱外活动时，至少需要两名乘组人员分别驾驶一辆，以确保安全。

为了提高野外工作效率和舱外活动的代表性，并确保长距离舱外活动，应至少有三辆全地形车可用。

全地形车上的乘组人员，当时两辆全地形车都能工作

（图片来源：MDRS-76 乘组人员）

（4）乘组人员日常生活

由于居住空间有限，6 名乘组人员在日常生活中需要遵守相应的规则和纪律；与此同时，虽然各方面需要严格管理，但也要足够灵活，以满足个人和工作要求，并能够应对栖息地的突发重大事件（如发电机故障、水桶队等）。人员的时间安排是整个乘组活动研究的主题之一。此处只强调一些相关的方面。日常杂务由众人轮流分担。乘组人员还经常在一起吃饭、开晨会和晚会、填写调查问卷、参

加晚间活动（培训会、DVD 影片或非正式讨论）。报告由个人独自编写，通常在 18：00~20：00 完成。

　－ 日常杂务

耗时最长的杂务为厨房工作和食物准备。为了尽可能减少杂务对日常工作的影响，我们决定每天由一人轮流负责所有厨房工作和食物准备。这个人被称为厨房操作主管（DGO），负责在用餐前（早餐、午餐和晚餐）摆放桌子、准备和烹饪膳食，餐后洗碗、清理桌子和厨房，以及倒垃圾（放在外面的特殊容器中，之后由汉克斯维尔当地支持人员运走）。杂务活动每天需要 2~3h（不包括用餐时间）。当天的厨房操作主管有权选择音响系统播放的音乐（如果没有其他人否决的话）。尽管当天需要消耗某个人的大量时间，但总体而言，这种方式消耗的总时间最少。其他杂务包括，注满内部水箱（由全体人员每两天进行一次，持续 30~60min）和注满水桶（持续时间 25~30min，每天一次或两次），用于清洗（不淋浴时）和冲厕。

为尽可能减少乘组人员在杂务上耗费的时间，在设计栖息地时，应考虑如何减少杂务工作，如在厨房配备洗碗机、自动将水从外部泵入水箱等。（参见上述建议）

厨房操作主管在工作

（图片来源：MDRS-76 乘组人员）

– 乘组人员共度时光

• 用餐、简报和汇报

无论清晨（早餐）还是傍晚（餐后甜点），乘组人员始终一起用餐。这不仅是为了社交，也是为了进行简报（早餐）和汇报（晚餐）。

乘组人员一同用餐。从左至右为尤安、斯特凡、
弗拉基米尔、丹妮尔和阿诺克
（图片来源：MDRS-76乘组人员）

– 每日调查问卷

每个乘组人员都要独自填写各种每日调查问卷。大家需要在晚餐后和甜点前这段时间将笔记本计算机带到主桌，花15~20min完成调查问卷。这种方法可以减轻每日重复填写问卷的无聊，还能使气氛更为活跃和幽默。

– 晚间活动

乘组人员需要每两天准备一个选定的主题，并提供45~60min的培训。培训者需要使用个人笔记本计算机或白板在主桌举行培训会，其他乘组人员在培训期间则可以吃些甜点和享用晚茶。在刚开始轮换时，晚上大家会一起观看 DVD 影片，之后，则更多选择自由活动，乘组人员可以谈论观点、个人工作、实验报告或从事其他活动。

培训会最终得到了全体乘组人员的青睐，因为通过这一活动，我们可以详细讨论大多数人不了解的主题，并了解其他乘组人员的专业知识，这有助于增进理解和相互尊重。

斯特凡的培训会，他正在白板上奋笔疾书

（图片来源：MDRS-76 乘组人员）

– 准备报表

在轮换期间，火星协会组委会要求每天或每两天准备几份报告。每天必须提交的报告包括，指挥官检查报告（报告乘组人员整体健康、表现及栖息地主要系统状况）、指挥官报告（各种日常活动）、工程师检查报告（栖息地系统状况的详细技术信息）。虽然其他报告并不要求必须提交，但强烈建议每两天提交一次，包括科学报告（实验和初步成果）、舱外活动报告（在每次舱外活动之后提交，包括持续时间、范围、活动、结果、说明……）、记者报告（栖息地生活和探险的更多轶事），以及不超过 6 张当天活动的精选照片。

这些报告和照片在 19：00~20：00 通过电子邮件发送给虚拟任

务支持人员，由其负责审查，之后发布于火星协会网站。火星协会利用这些报告来引起公众的兴趣、关注，并获得更多支持。然而，每天准备这些报告非常耗时（1~2h），其必要性值得怀疑。如果不考虑宣传效应，以及公众每天访问火星协会网站所增加的曝光度，而仅从运行角度看，则每天只需要提交一份报告即可，那就是关于所有栖息地系统详细状况的工程师检查报告。所有其他报告"可有可无"，并不必要。具体提交哪些报告，应由乘组人员自行决定，特别是，不应强迫科学家每天分享正在进行的实验及其初步成果。此外，考虑到带宽有限和卫星连接的时断时续，在计算机上编写报告并上传到网站非常耗时。

为了节省乘组人员的时间，应减少日报数量，将其保持在必要的最低限度。一份工程师检查报告应已足够。此外，可以录制音频文件并发送给任务支持人员，由其根据需要进行编写和编辑，最终上传至网站，而不是在计算机上编写。

通常在饭前（或饭后）匆忙结束报告

（图片来源：MDRS-76 乘组人员）

（5）乘组人员方面

人员问题是研究的一部分，此处只强调一些相关问题。

由于这里没有心理学家，也没有心理医生在外部监测，因此无法提供详细的说明。然而，乘组人员没有任何出现个人问题。即使有问题，全体人员也会一同处理。团体的力量是无穷的，我们通过坚持集体活动（用餐、晚间活动等）、分担杂务（厨房操作主管、水桶队……）和共同面对突发事件（发电机故障……）来发挥这一优势。然而，有一个情况削弱了团体力量。在开始火星沙漠研究站轮换之前，两名乘组人员之间建立了浪漫关系，而这种关系的起伏似乎影响了其他乘组人员。应谨慎对待这种情况，最好能够避免：可以不选择同一乘组的两名人员（即在不同乘组中分别选择），也可以与两名乘组成员坦率沟通，并在模拟过程中提醒他们恪守职责和优先事项。此外，还发生了另一次潜在的威胁，一名乘组人员表示要退出，因为所需的实验科学设备没有及时运到（卡在海关），而且他的工作单位还有其他优先研究事项。幸好有另一名乘组人员说服他留了下来。

最后一个方面涉及隐私问题和网络摄像头的使用。栖息地下层和上层甲板有多个网络摄像头，在网上永久直播。为了尊重乘组人员的隐私，上层甲板的网络摄像头将在休息时间关闭。

乘组人员方面研究成果

乘组人员方面研究成果的总结。

在时间和位置方面，我们共有13类活动：睡眠、浴室或卫生间、共同进餐、共同活动（简报、汇报、谈话、晚间活动）、舱房工作、栖息地内工作、栖息地外工作、舱外活动准备和外出、内部杂务、内部维护、外部维护、驾车前往村庄购物，以及非舱外活动外出。关于共同活动，早餐开始和持续时间大致不变，除了2月1日和8日两个星期日之外，约9：00开始，持续约45min。简报在早餐时举行，时间通常较短。根据栖息地运行条件及故障限制因素，午餐在13：00~14：00开始，持续45~60min。晚餐在19：30~20：30开始，持续约

1h。晚上集体活动通常在晚饭后立即开始，在 22：00 和午夜左右结束。包括早餐期间的每日简报在内，这两周轮换期间的每日简报、汇报、讨论的总体时间为 17h 55min。

其他重要的时间包括睡眠，以及杂务和维护时间。6 名乘组人员两周内的平均睡眠时间（一名乘组人员仅停留一周）为 8h 30min。其中一名科学家睡眠时间较久（12h），他在半夜到达火星沙漠研究站，需要倒时差。到达火星沙漠研究站的第一天，指挥官睡眠时间最少（6h），一些乘组人员通过午后小睡来倒时差；这些小睡时间已包含在数据中。

关于杂务时间。负责日常杂务的乘组人员有时会得到其他人的帮助。第一天，在与技术人员完成交接后，指挥官在整理清洁工作上花了最多的时间（4h 45min）。值得注意的是，第一周的杂务时间较长，而第二周的开始减少，这再次表明我们的杂务安排更为合理和务实，尤其是厨房工作。在没有他人帮助的情况下，每日平均杂务时间约为 3h；而在有人帮助的情况下，居然达到 3h 15min。可以说，日常杂务时间基本是个无底洞，浪费了大量的非生产时间。然而，为特殊场合（生日、庆典）准备菜肴是值得的，虽然此举并未直接促进生产性的科学工作，但却有助于增进乘组人员之间的关系，并产生积极的心理影响。

关于维护时间，执行官将主要忙于栖息地系统维护，因为这是他的主要职责，共花费超过 36h。其他乘组人员花费 40~100min 做杂务［按照假设的乘组人员平均时间，即 6 名乘组人员（实际只有 5 名）的平均值为 1h 23min］，可以看出，非生产性时间持续过久。

总结一下，在平均非生产时间方面，一名假设的乘组人员平均睡眠 8h 26min，早餐 44min，午餐 48min，晚餐 57min，杂务 3h 8min，维护 1h 23min，晚间公共活动 1h 35min，总计 17h 1min，只剩下约 7h 用于工作。即使这一平均估计的数值非常粗略，也足以证明剩余的工作时间已非常少，而且他还将大量时间浪费在非生产性任务、杂务和维护上。因此，需要与科学家合作，倾听他们的声音，以了解他们是如何工作的。科学家似乎已调整了获得结果的方法，因此，时间表无法预测。在未来的任务中，调整实验室时间表是一个必须面对的挑战。

关于栖息地的乘组人员交互和空间占用问题，所有乘组人员都提出了意见，由于篇幅过长，暂时不在此处报告。为此，我们分析了下层甲板工作区及其内部状况。科学家们认为实验室空间不足，因为这个房间有多种用途。这里既是生物实验室，也是地质实验室，更是下层甲板的中心房间，导致从事实验和样本分析工作的人员频繁出入。

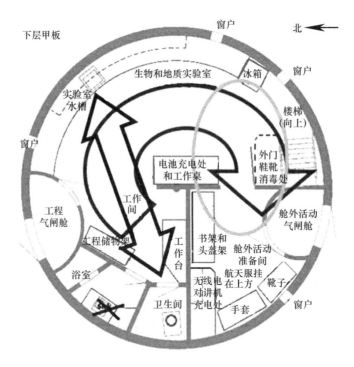

火星沙漠研究站下层甲板分析

（图片来源：卢迪文·博什·索万）

楼梯和浴室之间、卫生间和实验室水槽之间的通行状况不佳（由于浴室水槽坏了，实验室水槽承担了多种用途，导致乘组人员浪费了大量的等待时间）；对于工程师来说，从楼梯到工程气闸舱进行日常检查，从任何地方到工作间进行修理（如从舱外活动准备间到工作间修理舱外航天服），都困难重重。空间不足导致工作场所不舒适，需要移动物品或将其放在桌子下，这反过来又使乘组人员无法正常就座，增加了通行区域的拥挤程度。空间不足导致生产低效，也带来了安全问题。例如，为了避免将灰尘带入楼上而将鞋子留在楼梯底部，或者放置在舱外活动过程中没有使用的鞋子，都会对科学家构成潜在的危险，因为他们可能会被鞋子绊倒，并被锋利的仪器或工具伤害。此外，良好的组织安排对于科学家十分重要，因为他们的需求各不相同：地质学家需要在黑暗环境下使用拉曼光谱仪，并需要粉碎样品，之后才能使用 XRD/XRF 分析仪分析；生物学家需要良好的光照来进行土壤试剂盒分析，并尽可能保持环境无尘。为了共同使用一个实验室，两组科学家必须交替工作。

行星基地通常都缺乏空间，因为基地的总体设计、重量和尺寸受到发射器的大小和能力的限制。然而，如果能够改进布局，就可以更好地利用内部空间。第一个想法是，优化实验室空间，为每项活动提供专用场地。可使用塑料板隔板将地质区和生物区隔开，使地质学家可以进行样本粉碎作业，而生物学家则可在接近无尘的环境中处理生物样本。大家还提供了其他建议，可参阅有关本次模拟的出版物（见本书参考文献）。

（初步）结论

对乘组人员时间和位置的评估分析表明，白天主要的非生产性时间从长到短依次为睡眠、日常杂务、集体晚间活动、维护和用餐。由于睡眠、集体晚间活动和用餐时间无法压缩（乘组人员需要足够的休息和放松时间），我们优化了用餐时间，在早餐时提供一般简报会，在晚餐时进行一般汇报。同时，根据操作限制的要求，在白天其他时间进行特定的简报和汇报。

由此，时间主要消耗在日常杂务和维护方面，还有栖息地系统故障引起的异常维护。平均来说，每天需要 3h 做杂务，1h 30min 做维护。在改进栖息地及其子系统的内部布局和设计后，这些情况可显著缓解。例如，可使用洗碗机减少厨房杂务，使用水泵系统避免人工注水工作。也可以通过调整内部布局和设计来满足乘组人员的特殊工作需求，进而减少异常维护。通过实施类似的建议，异常维护也可以减到最少。

乘组人员舒适度问题不容忽视。火星任务通常持续 3 年，在此期间，必须为在栖息地工作和生活的乘组人员提供舒适的环境。再次强调，此处所指的舒适并不意味着等同于五星级酒店的舒适，而是提供最基本的条件，让探险队员在工作之余得到适当的休息和放松。

最后，尽管我们遇到了所有的后勤和技术问题，并在非生产性任务上浪费了大量时间，但仍然取得了许多科学成果，这要归功于所有乘组人员的奉献精神和专业知识。同时，这也预示着人类探索火星的任务将迎来美好的未来。

第 4 部分

火星的未来

在过去的 15 年里，火星上发生了什么？我们现在在哪里？我们是否准备好出发了？本章将试图回答这些问题。

首先，自 2000 年代初以来，多个标志性的火星任务使我们对这个星球的认识有了巨大的提高，包括美国航空航天局的火星全球勘测者（Mars Global Surveyor）探测器（1997 年）、奥德赛火星（Mars Odyssey）探测器（2001 年）、火星探险漫游者（Mars Exploration Rovers）探测器（2003 年）、火星勘测轨道飞行器（Mars Reconnaissance Orbiter，2005 年）、凤凰号（Phoenix）火星探测器（2007 年）、火星科学实验室（Mars Science Laboratory，2011 年）、火星大气和挥发性演化（Mars Atmosphere and Volatile EvolutioN，MAVEN）轨道器（2013 年）；欧洲航天局的火星快车（Mars Express）空间探测器（2003 年）及最近发射的微量气体任务轨道飞行器（ExoMars Trace Gas Mission Orbiter，2016 年）；印度空间研究组织的火星轨道飞行器任务（Mars Orbiter Mission，MOM），是亚洲首个成功实施的星际任务。此外，还有一些着陆器和探测器正在探索火星表面，包括美国航空航天局的勇气号（Spirit）与机遇号（Opportunity）探测器（2004 年着陆火星），好奇号（Curiosity）探测器（2012 年着陆火星）。中国的探测器和欧洲的 ExoMars 探测器计划于 2020 年探索火星表面。

<u>我们了解了哪些新知识？</u>

人类已多次确认火星上有水存在，而且是在不同的位置。火星极冠就有水，当然，是以混合了二氧化碳的水冰（由于高纬度地区的低温，大气中二氧化碳在极低温度下沉淀形成的冰）方式存在。

之后，水冰会在火星表面形成冰，这是火星快车空间探测器的雷达发现的。而且，还发现水冰附着在火星土壤中的其他化合物上。此外，对火星表面地质特征的研究表明，过去肯定有液态水流动。火星快车空间探测器的高分辨率立体相机（High Resolution Stereoscopic Camera，HRSC）已经拍摄了数万张高分辨率照片，其中一些被转换成了视频。所有这些证据都显示，火星表面特征很可能是由流动的液态水形成的。

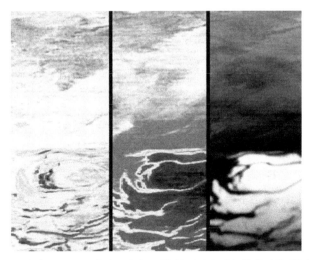

2004 年，欧洲航天局火星快车空间探测器的可见光及红外线矿物制图光谱仪
（OMEGA）证实，火星南极存在水与二氧化碳干冰混合成的水冰。这三幅图像
是在不同波长下拍摄的，（从左到右）分别为水冰、二氧化碳干冰和可见冰
（图片来源：欧洲航天局）

2004 年 1 月 15 日，欧洲航天局火星快车空间探测器的 HRSC 从 273km 的高度拍
摄了鲁尔峡谷（Reull Vallis）的照片（范围为 100km，分辨率为 12m/像素）。
照片显示了一个弯曲的地面特征，这很可能是一个古老的河床
（图片来源：欧洲航天局、德国航天中心、柏林自由大学）

此外，美国航空航天局的勇气号、机遇号和好奇号探测器在检查一些矿物时，确凿无疑地确定了这些矿物在很久以前形成于液态水之中。

因此，这些从欧洲最近的火星快车空间探测器任务和美国航空航天局的火星任务［火星探险漫游者和火星科学实验室］中获得的有力证据，证明了水曾经以液体形式存在于火星地表，并且火星可能隐藏着某种形式的生命。太空科学家如果能够找到关于火星上过去或现在生命形式的证据，其意义巨大。这也是目前无人驾驶探测任务和未来载人航天探索的主要驱动力之一。

众所周知，火星大气成分中有96%的二氧化碳，将近2%的氩和不到2%的氮，以及微量的氧气和水蒸气。令人惊讶的是，火星快车空间探测器还在大气中发现了甲烷［CH_4，包含一个碳原子（C）和四个氢原子（H）］，并被其他观察结果证实。甲烷出现在火星表面的几个离散（或点状）位置，在火星大气中的停留时间为300~600年，这说明甲烷出现得较晚。

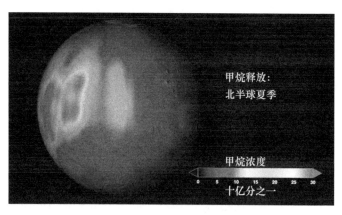

火星上的甲烷浓度

（图片来源：美国航空航天局）

尼利槽沟（Nili Fossae）地堑系统是一个具有重大地质意义的地区。
在这个地区上方发现了高浓度的甲烷。右上角可以看到一个直径为
55km 的大型撞击坑。这幅图像是 HRSC 于 2014 年 10 月 16 日拍摄的
（分辨率约为 18m/像素；北方在右，东方在上）
（图片来源：欧洲航天局、德国航天中心、柏林自由大学）

　　虽然甲烷数量较多，但是来源不明，它的存在是一个谜。没有人
真正知晓甲烷来自哪里。大气中的甲烷通常是两种活动的标志：可由
火山和地质活动产生，也可由生物或有机活动产生。在地球上，甲烷
也作为痕量气体存在于我们的大气中。一方面，火山活动会增加甲烷
数值；在火山爆发期间，会喷发熔岩、岩石、烟雾和包括在内甲烷的
多种气体。另一方面，地球大气中的甲烷或多或少由生物圈产生，并
且主要来自反刍动物。但是，不要误解我，我并不是说火星上有奶
牛，绝对没有！

　　像地球一样，火星也有火山。火星甚至有整个太阳系中最高的山
峰——20km 高的奥林匹斯山（Olympus Mons），它比地球最高的山峰
［海拔 8848m 的珠穆朗玛峰（Mount Everest）］高约 2.5 倍。然而，
奥林匹斯山很久以来就是死火山，火星上也没有发现活火山或类似地
质活动。

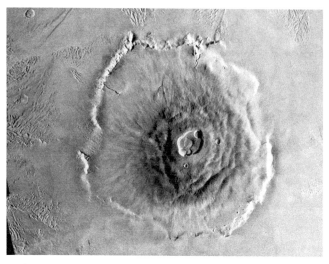

奥林匹斯山

（图片来源：欧洲航天局、德国航天中心、德国柏林自由大学）

这是否意味着火星上有生物活动？不一定。事实上，科学家们非常谨慎，正在确认所有的可能性。其中，有两种可能性比较大，但证据仍然不足。第一种涉及缓慢的地球化学反应，称为蛇纹石反应。橄榄石（一种在火星上常见的含铁矿石）、水和二氧化碳之间会发生这种反应，并产生蛇纹石和甲烷。第二种源自笼形水合物。笼形水合物由主分子（如水冰）的晶格组成，可以捕获客分子（如甲烷分子）。笼形水合物也存在于地球上，并主要以西伯利亚永久冻土的形式存在。人们担心，由于气候变暖，永久冻土中的水冰可能融化，并向大气中释放大量甲烷，从而加速气候变暖。通过水冰分子捕获甲烷分子的过程，也可能存在于火星上。然而，关于笼形水合物、蛇纹石和生物活动的各种数学模型，并不能解释为何火星大气中有如此多的甲烷。火星大气中的大量甲烷的来源仍然是个不解之谜。

另一个惊喜是在火星表面发现了多个洞穴。美国航空航天局奥德赛火星探测器在阿尔西亚死火山（Arsia Mons）附近发现多达7个洞穴。这些洞穴很有可能是熔岩管（火山爆发时产生的）坍塌的顶部。

熔岩流是熔融的液化岩石，这种接近圆柱形的流动熔岩体从外向内冷却。当熔岩停止流动时，接近圆柱形的熔岩管中心部分继续流动，而外层已经凝固。所以，最终会形成一个近似圆柱形状的天然洞穴隧道。随着时间的推移和自然的侵蚀（可能一开始是水蚀和风蚀，后来只有风蚀），熔岩管的顶部坍塌，露出下面的空洞。

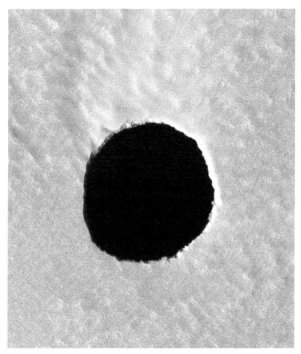

火星表面的洞穴，直径通常约为 100m

［图片来源：美国航空航天局火星勘测轨道飞行器（MRO）］

这些洞穴可能非常有趣。首先，如果存在生命（仍然尚未确认），则生命可能已经迁移到地表下，深入到火星表面风化层下的某个深度，以逃避地表的有害辐射。由于这些熔岩管提供了天然的保护，因此人类研究者理所当然地认为，如果存在微生物的话，它们可能会在这些洞穴的底部被发现。其次，如果人类航天员到达火星，那么这些天然洞穴将是完美的保护环境，能保护航天员免受地表辐射。

由于探测器很难进入这些洞穴，航天员恐怕只能去实地研究探查，看看能否将其改造成为人类未来定居的基地。

想到史前人类花了几千年才走出陆地洞穴，好不容易进化到能够旅行去另一个星球的技术水平，但最终却不得不在这个新星球的洞穴寻求庇护，我就感到莫名的讽刺。嗯，历史有时就是这样循环往复。

关于火星的神秘性，让我们来终结一个广为人知的流言：火星上的人脸。1976年，海盗1号（Viking-1）和2号（Viking-2）轨道飞行器传回了许多火星表面照片，包括下图左侧的赛东尼亚区（Cydonia Mensa）照片。乍一看，这不就是一张模糊的人脸吗？于是，一些科幻作家、阴谋论者和其他人想出了许多故事。比如，火星上有许多饥饿的人类，他们通过这个面部雕塑向地球上的人类求救，希望来拯救他们。又比如，这是一群外星人留下来的雕塑。在海盗探测器发出第一张照片后，多年来，包括火星快车空间探测器在内的多个任务已经用更先进、更高分辨率的相机（如HRSC）和其他仪器重新拍摄了火星和赛东尼亚区，最终发现这里实际上是一座小山，其表面形状是由风蚀形成的。

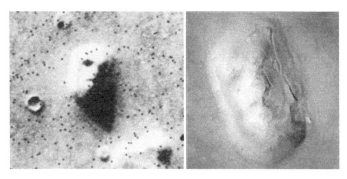

"火星上的人脸"（Face on Mars）已被证明是火星表面赛东尼亚区的山丘结构

左——美国航空航天局海盗1号轨道飞行器在1976年拍摄的照片

（图片来源：美国航空航天局）

右——欧洲航天局火星快车空间探测器上的HRSC在40年后的2006年拍摄的照片（图片来源：欧洲航天局）

　　美国航空航天局、欧洲航天局和印度空间研究组织还有许多其他的火星探索发现，感兴趣的读者可以查阅本书参考资料部分给出的文献或网站。更多的任务正在规划之中，相信会给我们带来更多的惊喜。欧洲航天局 ExoMars 任务计划于 2020 年进行第二次发射[⊖]，将利用一台具有钻探能力的探测器对地表以下 2m 处收集土壤样本。火星存在风化层，在地下 2m 处就足以抵御辐射，因此我们仍然希望发现一些能够在恶劣的火星环境中生存的微生物。

2m深

艺术家畅想 2020 年发射的 ExoMars 探测器

（图片来源：欧洲航天局 AOES 媒体实验室）

中国在 2016 年底宣布，计划于 2020 年发射火星探测器[⊖]。这项任务搭载的仪器将测量火星大气的甲烷浓度，并用透地雷达探测地面，寻找生物活动迹象。

艺术家畅想 2020 年中国发射的探测器

（图片来源：新华社）

火星探索的另一个重要任务是如何取回火星样本。换言之，如何将火星土壤样本带回地球，从而在地球上设备完善的实验室分析样本，而不是在火星上分析。美国国家航空航天局和欧洲航天局不断讨论这一计划，先各自制定，再汇总合并。写本书时还未宣布确切的开始日期。中国也希望在 2030 年实施这一任务。然而，由于这一任务面临巨大的技术挑战，在没有做出明确决定时，可以设想不同的实施方法。

我们如何到达火星并返回？

嗯，不那么容易，因为这将消耗相当大的能量。地球和火星身处不同的绕日圆形轨道，火星与太阳之间的距离大约是地球与太阳之间距离的 1.5 倍。所以，我们需要穿越非常远的太空，耗费大量的时间

⊖ 2020 年 7 月 23 日负责执行我国第一次自主火星探测任务的天问一号发射成功，并于 2021 年 2 月到达火星附近，已完成"绕、落、巡"三大任务。——译者注

230

和精力。根据天体力学定律，我们无法直线旅行，必须沿着围绕太阳的轨道从地球前往火星，然后以同样的方式返回地球。这种路径称为转移轨道，主要分为以下两种。

第一种轨道称为霍曼转移轨道，以德国工程师沃尔特·霍曼（Walter Hohmann）的名字命名，他在 1925 年提出了半椭圆轨道方案（轨道 2），在地球（轨道 1）和火星（轨道 3）的两个接近圆形的轨道之间转移。

执行霍曼轨道转移时只需两次推进（Δv），即可将航天器送入或送出转移轨道。

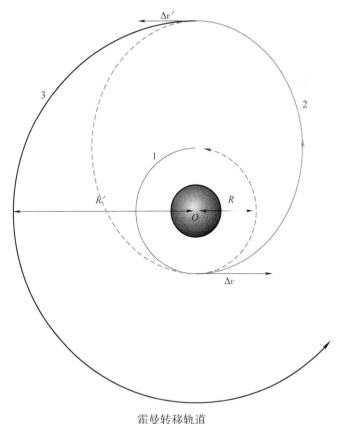

霍曼转移轨道

[图片来源：维基共享资源（Wikimedia Commons）]

　　第二种转移轨道称为双椭圆转移轨道，通过两个半椭圆轨道实现。在初始地球轨道上（细黑线），第一次推进（点1）将航天器发送到第一个转移轨道（细灰线）；到达点2的远日点（离太阳最远的轨道点）后，第二次推进，将航天器送入第二个椭圆轨道（粗灰线）；到达点3的近日点（离太阳最近的轨道点），与最终期望的火星轨道（粗黑线）半径轨迹重合后，执行第三次推进（反向），将航天器送入火星轨道。尽管比霍曼转移需要多执行一次引擎推进，并且飞行时间通常会更久，但有时双椭圆转移比霍曼转移需要更少的能量，或者说需要更少的推进剂。

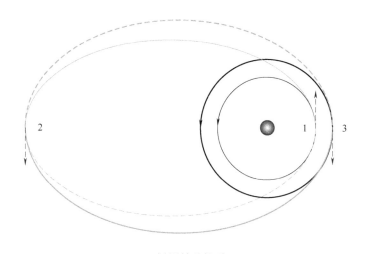

双椭圆转移轨道

（图片来源：Foter.com）

　　这两种轨道转移方式需要的推进剂都不多，可根据具体飞行任务参数选择更有利的一种。有关详细信息，可参见本书参考资料"如何到达火星？"的相关文章（普莱泽，2013年）。

　　执行火星任务时，需首先确定几个详细问题。

　　首先，这是一次无人还是有人的任务？如果是载人飞行任务，必须尽可能缩短转移时间，以减少辐射暴露。如果是无人任务，必须尽可能增加有效载荷。

其次，是采用推进式还是转移轨道式？推进式转移飞行更快，但需要更多的燃料，这样会降低能携带的有效载荷。转移轨道式飞行较慢，但需要较少的燃料，因此有更高的有效载荷。

因此，在执行无人任务时，轨道式飞行结合霍曼转移仍然是需要最少燃料的最佳解决方案。

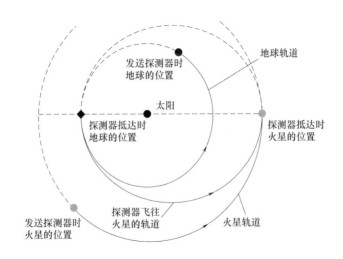

地球和火星在绕太阳轨道上的相对位置

[图片来源：《太空中的几何》（Geometry in Space）]

图中，霍曼转移轨道的近日点（离太阳最近的轨道点）和远日点（离太阳最远的轨道点）分别对应地球和火星的轨道半径处。根据天体力学相关定律计算，霍曼转移轨道上的火星任务飞行时间为259天，约 8.5 个月。因此可以计算出，航天器应该在到达火星之前约 260 天发射，此时火星-太阳半径与地球-太阳半径之间的夹角为44°（见下页图）。

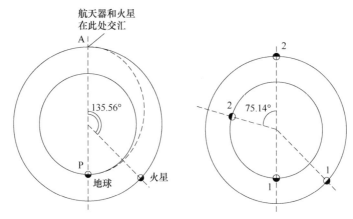

地球和火星在航天器发射时（左）和到达时（右）的相对位置

（图片来源：Stargaze 网站/Smars1 和 Smars3）

利用霍曼转移轨道的方法似乎非常可行，但有一个主要缺点：每26 个月才出现一次发射窗口。

无人任务不可能在抵达后直接返回。那么需要等待多久呢？可以计算出，无人返回任务要等 459 天，约一年零三个月。

第一次反向推进可降低航天器轨道速度，从而进入霍曼转移返回轨道。260 天后，第二次反向推进使其进入地球轨道或重返大气层，并通过空气制动达到安全速度，最终返回地球。

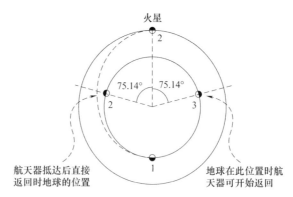

地球和火星在航天器返回时的相对位置

（图片来源：Stargaze 网站/Smars3）

对于载人任务，必须尽量缩短转移时间，这主要是为了减少辐射暴露时间；而且还要考虑采用弹道式飞行，以减少微重力对航天员的影响。所以，耗时 8.5 个月的霍曼转移不是最好的选择。

如果增加推力，使转移轨道与远日点越来越远，并且根据火星的预测位置来确定发射时间，则转移时间可以大大缩短。

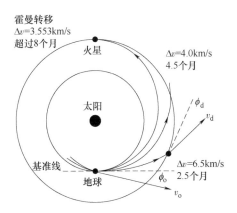

转移轨道比霍曼转移的速度道更快

（图片来源：Nordley 网站）

随着推力的增加，转移时间明显减少。最快的速度为 6.5km/s，转移时间为 76 天（约 2.5 个月）。第二次推力制动可以通过火星大气的空气制动来代替。

另一种选择是持续推进的转移飞行，在前一半路程加速，在后一半路程减速。这将消除微重力的不利影响，但代价是要装载更多的燃料。

除了传统的化学火箭发动机，科学家目前正在研究和测试另一种火箭发动机，即可变比冲磁等离子体火箭（Variable Specific Impulse Magnetoplasma Rocket，VASIMR）发动机。与化学火箭发动机相比，这种发动机可以持续推动载人火星航天器，并且发动机更轻，要携带的燃料更少。然而，这种发动机的性能尚不完善，还需多年的研究。

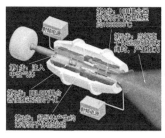 

VASIMR 引擎（左）和使用该发动机火箭的艺术视图（右）

［图片来源：Astra 火箭公司广告（Astra Rocket Company）］

还有另一种可能性，将弹道式飞行（如短霍曼转移轨道）与离心产生的人造重力结合。火星协会主席罗伯特·祖布林提出了一个简单的设计。星际航天器由两个飞船组成，两者在开始飞行时是分开的，并通过一条细长但足够坚固的系绳连接在一起。两者质量大致相等，通过发射小型火箭引擎使其围绕靠近系绳中间的一点旋转并产生离心力，进而实现人工重力。

我们准备好出发了吗？

嗯，不好说，还有几点需要澄清。1961 年 5 月，当肯尼迪总统呼吁"……在这个十年结束之前，让人类登上月球，再安全返回地球"时，我们已经非常了解火星了，甚至比对月球的了解还要多。但是，这两种情况非常不同。月球并不远，它实际上就在不到 40 万km 远的隔壁，阿波罗计划的航天员仅用了大约两天时间就到达月球。而地球和火星之间的距离在 5600 万到 4 亿 km（如上所述），到达火星需要数月之久。在阿波罗 13 号任务期间，服务舱的一个氧气罐在前往月球途中爆炸，但航天员不能立刻掉头返回地球，他们继续前进，绕月球的背面，利用登月舱的降落火箭调整轨道，然后才能返回地球，即便如此，也用了几天的时间。而在飞往火星时，在采用霍曼转移轨道的情况下，发射和返回需要约 500 天时间。两者的时间和距离差异显著。这意味着必须对火星任务的所有方面和风险进行仔细的评估和分析，并提出降低风险的解决方案。

　　那么风险是什么？让我们把主要问题分成两部分：与星际旅行有关的问题，以及与火星逗留有关的问题。

　　对于载人飞行任务，推进式飞行或具有某种人工重力的飞行将更为可取，原因有二：最大限度地减少微重力引发的衰弱效应，以及最大限度地减少辐射暴露风险。

　　让我们先谈谈微重力对人类生理的衰弱效应。在 20 世纪 60 年代末 70 年代初人类第一次进行长时间太空飞行时，医生和科学家很快发现，暴露在微重力条件下会引起不同的生理变化，包括骨骼脱矿导致的骨质流失、负重肌肉（主要是腿部肌肉）变弱、心血管系统变化、内耳平衡系统变化，以及免疫系统（身体的自然防御系统）急剧衰退。在所有这些问题中，有两个最为重要，即骨骼脱矿和免疫系统下降。所有其他问题都可在一定程度上解决。

　　科学家对在太空及飞行器抛物线飞行期间的航天员状态进行了大量的研究。这些研究不仅要了解他们的骨质流失和肌肉弱化现象，还要尝试如何抵消这些影响。他们观察到航天员骨骼结构出现脱矿，主要是脱钙（即钙和磷的流失）。为何如此呢？确切原因仍然不为人知。可以简单认为，骨骼不再需要抵抗重力，也不再需要支撑身体的重量，因此，骨骼会以某种方式萎缩，骨细胞不会像地球上那样再生。在 20 世纪 70 年代的天空实验室任务中，据测量，航天员平均每天大约损失 100mg 的钙，而成年人大约含有 1kg 的钙。长期处于微重力状态下，航天员骨骼会变得非常脆弱。如果他们在轨道上或星际旅行中处于微重力状态几个月，在返回地球或去往其他星球时，肯定会经历多次骨折！我们知道，脱钙与含钙骨骼的纤维细胞（在骨髓通过的骨骼部分）萎缩有关。这种脱钙问题在某些方面类似地球上已知的骨质疏松症，后者主要影响老年人和绝经后的妇女。这种疾病还会引起骨骼结构的变化（脱矿），导致钙、磷、氮和羟脯氨酸蛋白（另一种骨骼成分）损失，且只针对去过太空的航天员。这时骨骼变得不再致密，更为脆弱且更容易骨折。引起脱矿的原因是，破骨细胞活性有所增加，消除和吸收了骨组织成分，同时，负责骨组织再生的成骨细胞活性降低。为解决这一问题，太空医生要求航天员参加日常体育活动，如每天在国际空间站的跑步机上跑 2h，在自行车上锻炼或使用深蹲机。其实这非常有趣，你想一想：国际空间站以 25000km/h 的速度移动，航天员在上边跑步或骑自行车时，要比尤塞恩·博尔特（Usain Bolt）快得多，甚至比任何环法自行车赛（Tour de France）冠军更快。

在飞行大约 7 天后，航天员的免疫防御会因微重力而下降，新增淋巴 T 细胞（白细胞）数量降低，这会削弱免疫反应和抗体的产生。对国际空间站航天员的研究表明，他们的一些免疫细胞的活性远低于正常水平，而其他细胞的活性则有所增加，从而使航天员的免疫系统完全"混乱"。减少活动可能会阻止免疫系统对细菌或病毒攻击做出适当反应，而增加活动可能会引起过度反应，从而导致各类过敏症状增多。对于这些观察结果，目前尚未找到令人满意的解释。然而，科学家认为，许多其他因太空飞行导致的问题（辐射、压力、睡眠周期改变、隔离、微生物……）可能会影响航天员的免疫系统。此外，航天员在太空中更容易被感染，他们返回地球后需要更长的时间来恢复。免疫系统需要 5 到 10 天才能恢复到正常水平。这可能是阻碍人类在微重力条件下长时间太空旅行的问题之一。然而，科学界目前仍然在努力进行此方面的研究。事实上，对人类机体防御机制和重力的研究，或许可以揭示免疫系统的运行原理，在人类对抗仍然不够完全了解的某些病毒感染时，这种研究具有非常重要的作用。

辐射暴露是另一个可能会给往返火星的人类航天员带来严重影响的问题。在近地轨道飞行的航天员得到地球上层大气和磁场的保护，不会受到更大的空间辐射的影响。但是前往遥远的太空将增加乘组人员的辐射暴露，包括太阳驱逐的带电粒子［即所谓的"太阳粒子事件"（Solar Particle Events，SPE）］，以及其他宇宙重离子［即所谓的"银河宇宙射线"（Galactic Cosmic Radiation，GCR）］。最令人担忧的是，相当于铁原子大小的 1% 的 GCR 原子核［称为高能重粒子（HZE）］以非常高的速度移动，并被宇宙中的磁场进一步加速。HZE

能够穿透脱氧核糖核酸（DNA），而 DNA 是一种自我复制的物质，作为染色体的主要成分存在于几乎所有生物体内，并携带遗传信息。其引起的最严重的损伤称为"双链断裂"，这将导致遗传信息丢失，并可能引发癌症。

因此，在两种不同的状况（往返火星和在火星停留）中，需要面对以上两大问题（即 SPE 和 GCR）。

2012 年，在执行美国航空航天局火星科学实验室（MSL）好奇号火星探测器任务时，负责辐射评估探测器（Radiation Assessment Detector，RAD）的团队提供了一条非常有趣的信息：火星表面的宇宙射线剂量率，大约是 RAD 在星际巡航期间测得的一半。

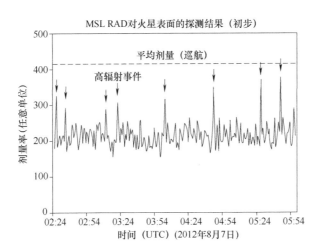

该图显示了好奇号火星探测器的 RAD 2012 年 8 月 7 日［协调世界时（UTC）］的 3.5h 内在火星上探测到的辐射通量。数据显示，在这段平静的太阳活动期间，在火星上测得的辐射水平要低于好奇号火星探测器巡航火星期间在太空中探测的平均辐射水平。这可以解释为，探测器在星球上，而不是暴露于有各个方向辐射的太空中。箭头指向重粒子辐射剂量率的峰值，这种剂量率对航天员来说非常危险［图片来源：美国航空航天局加州理工学院喷气推进实验室（JPL-CALTECH）、美国西南研究院（SWRI）］

之前，行星巡航中的宇宙射线剂量率是由火星奥德赛号航天器上的火星环境辐射探测仪（MARIE）在2001年巡航期间测量的，约为低地球轨道（LEO）的两倍。因此，MARIE和RAD的综合测量结果表明，火星表面宇宙射线剂量率与处于LEO的航天员受到的大致相同。

由此，火星协会主席罗伯特·祖布林得出结论，宇宙射线不会成为人类探索火星的障碍。

然而，并非所有的科学家和工程师都同意这个结论。强烈的太阳质子事件可导致急性辐射综合征或放射病，而长期暴露于宇宙射线可导致晚期辐射效应（如癌症）。

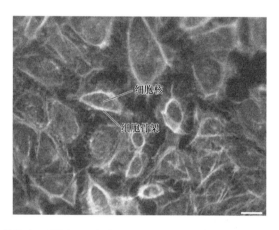

骨肉瘤细胞的荧光显微图。骨肉瘤细胞是一种骨癌细胞，由于具有快速生长的特性，因而被选择用于太空实验。图像已通过荧光染色，图中给出了细胞核和细胞核周围的细胞骨架。此部分长度约为305μm（0.305mm）。

右下角比例尺长度为25μm

（图片来源：欧洲航天局）

空间辐射环境中包含了质子和重离子，相当复杂。它与地球的自然辐射不同，其中主要包含α辐射（氦-4的原子核，由两个质子和两个中子组成）、β辐射（电子和正电子，比α辐射更具穿透力）和

γ 辐射（高能光子，比 α 和 β 辐射更具穿透力）。因此，从地球环境中获取的数据无法转换为行星空间环境的数据，按照辐射风险估算的不确定性极高。

这会产生什么影响呢？我们应该就此忘记着陆火星这件事吗？当然不是！但这的确意味着，我们要为这个问题找出适当的答案。再说一次，也就是我们要了解往返火星的各种可能性。

第一种方案是什么都不做。这是指我们不采取任何特殊措施。毕竟，航天员要在地球轨道上的太空中度过一年多的时间，他们患癌症的风险比在地球上从事核工业的普通工人还要略高。我们也可以选择符合一定年龄的航天员（已有家庭、已生儿育女）。再者，我们可以选择一个太阳活动较少的时期，并选择合适的地球-火星的配置（利用霍曼转移轨道完成尽可能短的航程，通常为 6 个月，或者利用恒定推力的离子发动机来缩短行程）。这些方案或许是可行的，但也非常危险。

第二种方案是在航天器中为航天员提供一些屏蔽材料，这些材料可以抵挡 SPE 的磁暴和 GCR。对此，我们一般会想到铅之类的厚金属，但这不是最佳解决方案。原因在于，第一，这种方案有效性较低；第二，由于铅的质量密度极高，其发射成本过高。更好的方案是使用更轻的材料，液态氢就可以。但是，它必须在非常低的温度下才能保持液态，这就需要非常复杂的低温管道。新型的纳米纤维也是合适的材料。而且令人惊讶的是，聚乙烯塑料也可以提供良好的屏蔽。铝也适用，但效果不如聚乙烯好。最后要说的是水，水也能提供很好的屏蔽效果。因此，所有水箱都可以放在工作人员舱周围，对水进行循环利用（这与目前国际空间站的操作相同），以此为水箱提供补充保护。此外，我们可以在航天器中间增设一间"安全避难所"，每当遇到持续 2、3 天的强烈 SPE 磁暴时，工作人员便能在此避难。很明显，这类屏蔽应称为被动屏蔽。

第三种方案是主动屏蔽，也就是让巨大的磁铁环绕航天器来偏转所有传入的辐射。这仍属于一种科学设想，原因在于如果要偏转磁场，所需的能量巨大，而目前还无法提供这种能量。此外，其过大的总质量，使其难以从地面发射到轨道，然后在转移轨道上发射到火星，因此这种方案还无从落实。

缩短行星间的航程当然也是一种有趣的方案，但我们还没有开发这方面的发动机。我们谈到了正在开发的 VASIMR。另一种方案是核推进，这也是一个有趣的方案。然而，这类发动机有一个很大的缺点，就是尚不存在。我们还要很多年才能建造、测试并准备好这种发动机，再用于火星任务。也许有一天可以实现，但几十年间还无法做到。

经过上述讨论，我们能选的方案只有航天器，这种航天器应具备充分的被动屏蔽功能，还要设置一间安全避难所来规避 GCR 和 SPE 磁暴。如果选择霍曼转移轨道，则航天器应被设为旋转状态以产生离心力，用作人造重力；或者，如果选择恒定推进的飞行方式，则放弃旋转。

现在，让我们看看另一个问题，也就是停留在火星上。

根据火星学会的座右铭（改编自发现美洲的第一批欧洲殖民者）——"轻装上阵，靠天吃饭"（Travel light and live off the land），我们要利用火星上的资源，如火星上的风化层。事实上，一定厚度的火星沙子和岩石将提供足够的被动屏蔽。此外，与其在地面上挖个洞来"埋藏"第一批航天员，不如让我们利用火星上自然形成的侵蚀，把前面描述的熔岩管顶部的洞作为自然栖息地，在那里组装和部署第一批火星基地。这些自然栖息地可能会提供庇护、屏蔽，还有和冰一样的水（只要深度合适）。谁知道呢，可能还有一些古代或原始的生命形式供科学家研究用。

这就需要进行舱外活动（宇航术语为 EVA）来探索周围环境，并且需要具有足够屏蔽能力的加压漫游车。

关于未来载人火星任务的许多其他细节和领域，我会列在本书参考资料部分。

另一个尚未考虑的领域涉及人类自身，实际上这是火星任务中最薄弱的环节，但将人送上火星本就是这项任务的主要目的。除了由于长期暴露在失重和辐射环境下而引起的所有生理并发症外，另一个问题是心理上的。心理上的问题主要有孤立、封闭、无聊、缺乏刺激、持续的潜在危险、与家人和朋友失去联系、群体动态等。即使是最精心挑选、最训练有素的工作人员，在一个小容积的环境中，也会面临人际关系问题，因为他们始终面临着爆炸、减压和辐射等风险。那么，当没有出路或无法增加容积或无法消除风险的情况下，如何才能避免这些问题成为长期任务的潜在致命因素呢？嗯，实际上也没什么。因为一旦问题出现，通常为时已晚。像这样的问题根本不该出现。那么，我们首先必须仔细挑选申请相关火星任务职位的工作人员；其次，全体工作人员都须接受良好的训练，他们应该作为一个团体而非个体来面对所有潜在的风险和危险，还应协调一致地做出反应。当然，这些都是说起来容易，做起来难。

几十年来世界各地的空间机构和其他机构组织长期的空间任务和任务模拟的目的，就在于此。

一些俄罗斯航天员在数次飞行中已在太空中累积度过了两年多的时间。其中一位航天员瓦列里·波利亚科夫（Valeri Polyakov）仍保持着单次在轨道上停留时间最长的世界纪录。1994 年至 1995 年期间，他在俄罗斯和平号空间站上停留了 437 天。

左——1995 年 2 月，俄罗斯航天员瓦列里·波利亚科夫从和平号太空舱窗口监督与发现号航天飞机在 STS-63 上的交会操作（图片来源：美国国家航空航天局）

右——俄罗斯航天员谢尔盖·克里卡列夫（Sergei Krikalev）作为医学实验对象

[图片来源：俄罗斯联邦航天局（Roskosmos），2016 年，俄罗斯联邦航天局与联合火箭公司合并成立俄罗斯航天国家集团公司]

最近有两名航天员［美国的斯科特·凯利（Scott Kelly）和俄罗斯的米哈伊尔·科尔尼延科（Mikhail Korniyenko）］在 2015 至 2016 年执行"一年长年任务"（Year Long Mission），在国际空间站上度过了 342 天。这些长期的飞行任务表明，航天员能在太空中工作和生活一年以上；从心理学的角度来看，一名训练有素、准备充分的航天员真得能进行太空之旅。

在开展各种太空任务的同时，还执行了地面模拟任务。具体来说，参与人员与外界隔绝并长期被限制在相对较小的空间之中，这些模拟任务旨在研究航天员之间单个或多个层面的心理互动情况。最早的模拟任务是由位于莫斯科的俄罗斯生物医学问题研究所（Russian Institute of Biomedical Problems，IBMP）组织的。在二十世纪七八十年代，该机构进行了数次隔离模拟任务，持续时间从几天到一个月不等。第一次大型模拟任务是 SFINCSS-99（空间站国际乘组人员的飞行模拟任务）。这是 1999 年在莫斯科进行的为期 8 个月的模拟任务。

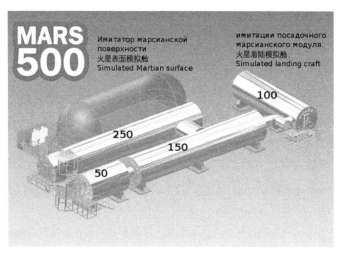

安装在 IBMP 的 MARS-500 综合体共有 5 个模块，分别是居住舱（150 和 50）、医疗舱（100）、实用舱（250）、火星着陆模拟舱和火星表面模拟舱
（图片来源：IBMP）

这次模拟任务由多个国家的数名男女乘组人员共同组成，其中还包括单独来访的人员。之后，俄罗斯、欧洲航天局和中国合力完成了一系列的长期隔离模拟任务，并由俄罗斯 IBMP 主办。这些模拟任务被统称为 MARS-500。其目的显然是通过研究不同文化和语言的航天员之间的社会心理互动，为未来的火星任务做好准备。该模块组件是专门为这一系列的模拟任务而准备的。它包括 5 个不同模块。核心航天器包括 3 个模块：居住舱（含乘组人员生活区和 6 个小房间）、医疗舱（含实验用医疗设施和远程医疗设施）和实用舱（含大冰箱和贮藏室、温室和浴室/桑拿房/健身房）。第四个模块是火星着陆模拟舱。它与第五个模块——火星表面模拟舱——相连。

本次模拟分三个阶段进行：第一阶段是为期 15 天的准备阶段，全体人员都是俄罗斯人，共 5 男 1 女；第二阶段在 2009 年上半年，一共持续了 105 天，全体人员都为男性，共 4 名俄罗斯人和 2 名欧洲人（1 名德国人和 1 名法国人）；第三阶段也是最受关注的一轮，一共持续了 520 天，全体人员也都是男性，从来自 40 个国家的 6000 名申请者中选出，其中包括 3 名俄罗斯人、2 名欧洲人（1 名法国人和 1 名意大利-哥伦比亚人）和 1 名中国人。

本次特殊模拟的主要目的是研究 1 个 6 人的国际乘组在隔离状态下的心理和生理影响，并模拟 1 个 3 人的小组在火星上的着陆情况。2010 年 6 月 3 日，这 6 名火星航天员带着大约 5 吨食物和 3 吨水登上了 MARS-500 装置。大门关闭了 500 多天，超过 1 年 4 个月 2 个星期。这算是第一次真正的火星任务，虽然这次任务没有离开地球，但 MARS-500 上的所有实验都与真正的火星任务的流程、方案和无线电通信延迟情况保持一致。

经过 8 个月的隔离后，由 3 名工作人员构成的小组执行了 30 天的运动机能衰退任务（他们在床上躺了 30 天以模拟微重力对身体的影响，主要是对心血管系统的影响）。2011 年 2 月，2 名航天员轮流进行了 3 次模拟舱外活动。在完成这些舱外活动（包括收集地面样本）之后，他们又与其他乘组人员会合，继续进行剩下 240 天的隔离模拟任务。

很难简单概述这次模拟期间进行的数百次国际实验的结果。本次模拟的主要结果是证明了国际乘组人员可以在 500 多天的时间里和谐一致地执行科学探索任务。这些乘组人员之间并未出现人际关系问题。本次模拟还有一些有趣的发现，如部分乘组人员的睡眠周期受到干扰，还有乘组人员表示他们在整个模拟期间，个人情绪有所起伏。面对技术操作的困难和模拟时的紧急情况（如夜间发出的错误火警警报），全体乘组人员会开诚布公地共同应对。工作人员也有很多时候会聚在一起吃饭，一起在空闲时间观看 DVD 影片，相互为对方准备惊喜，一起庆祝生日，一起庆祝不同国家的活动。

所有这一切表明，要成功完整这类任务，关键在于选择合适的候选人并提供适当的培训和准备。

世界各地还有很多其他模拟活动。火星学会在西方国家发起了数次模拟活动。自 1998 年成立以来，火星学会在 2000 年至 2001 年在加拿大北极地区部署了第一个栖息地 FMARS（见本书第一部），2002 年在犹他州沙漠部署了第二个栖息地 MDRS（见本书第二部和第三部）。截至目前（2017 年 1 月），超过 170 名工作人员在 MDRS 平均轮换了 15 天，约 20 个乘组参与了北极 FMARS 的轮换。2015 年 9 月，火星学会庆祝了第 1000 名乘组人员在 FMARS 或 MDRS 停留。2016 年秋季，一名乘组人员在 MDRS 呆了 80 天，并将在 FMARS 再呆 80 天，准备在 FMARS 进行为期一年的模拟。这次模拟称为 "火星-北极 365 天"（Mars Arctic 365），主要用于模拟火星上的探索任务。

由火星学会发起的模拟活动显示了大众对这些活动的兴趣，包括公众和专家、工程师、科学家、记者、艺术家和 15 年多来为这些任务做出贡献的其他人。

它们还促使美国国家航空航天局在詹森太空中心（Johnson Space Centre）实验室、西班牙力拓（Rio Tinto）集团的场地、南极洲、夏威夷火山和水下进行了其他的模拟活动。美国国家航空航天局极端环境任务行动（NASA Extreme Environment Mission Operation，NEEMO）

部门是位于美国佛罗里达州的一个水下基地，该基地旨在让航天员进行太空生活训练，并用于相关模拟活动。

HI-SEAS 任务是为期一年的火星模拟任务，该任务计划于 2016 年 8 月结束。在此期间，6 名乘组人员在美国夏威夷的莫纳罗亚（Mauna Loa）火山的穹丘中度过了一年。他们与世隔绝，必须身着模拟航天服进行探索性舱外活动。夏威夷大学（University of Hawaii）在美国国家航空航天局的支持下还在莫纳罗亚火山组织了其他探索活动，持续时间为 4~8 个月。

2016 年 6 月~12 月，中国一支由四名志愿者（三男一女）组成的团队在深圳的特殊设施中执行了为期 6 个月的隔离模拟任务。这些志愿者从中国航天员中心的 2000 多名候选人中选出。本次模拟任务的主要目的是如何利用"受控生态生命保障系统"（Controlled Ecological Life Support System）技术来使用和循环利用食物、水和氧气。该技术的灵感来自中国神舟飞船上目前使用的技术，主要研究密闭环境对人类的生理影响和生物节律的变化。

2016 年进行隔离模拟任务的 4 名中国志愿者
（图片来源：新华社）

总体来说，我们 15 年前在北极和美国犹他州沙漠所做的一切工作都很有价值。多年以来，很多航天员们一直进行隔离、"监禁"和模拟试验，以获得更多知识和技术，为未来火星任务的部分操作做着准备，相对而言，我们当时所做的工作只是"冰山一角"，但它依然很有价值。

那么做了这么多工作，我们准备好要火星之旅了吗？

是的，准备得差不多了。多项载人航天任务正在计划之中。由美国国家航空航天局或美国政府不同的部门、欧洲航天局和俄罗斯宣布的各类项目能列长长地一排，而维基百科"人类火星任务"（Human mission to Mars）的页面上也有很好的总结。

然而，让我们强调几点。自 2014 年底以来，美国国家航空航天局测试了一种新的太空舱——猎户座（Orion）多用途载人飞行器（Multi-Purpose Crew Vehicle，MPCV）。它和阿波罗太空舱相似，但略大，共能容纳 4 名航天员从地球发射、重返大气层并于海洋降落。该舱还有一个作为补充的服务舱。这个服务舱由欧洲航天局开发，是以欧洲航天局的自动转移飞行器（Automated Transfer Vehicle）的设计为基础的，曾 5 次用于国际空间站自动补给运输任务。

2014 年 12 月，猎户

带欧洲航天局服务舱的猎户座航天器的模拟像。该服务舱位于猎户座乘组舱的正下方，为 4 名航天员提供推进力、动力、热控制、水和空气。太阳电池阵横跨 19m，其提供的电力足以为两个家庭供电。它的直径略大于 5m，高为 4m，重为 13.5t。另带有 8.6t 推进剂为 1 台主发动机和 32 个较小的推进器提供动力
[图片来源：欧洲航天局-杜克罗斯（Ducros）博士]

座太空舱进行了首次无人发射。2017 年 3 月，美国国家航空航天局宣布了将人类送往火星的计划，包括 5 个阶段，即第 0~4 阶段。第 0 阶段已开始，该阶段会利用国际空间站进行准备工作和测试，同时与私营太空公司和国际合作伙伴进行合作。在第 1 阶段（2018 年—2025 年），美国国家航空航天局计划发射和测试 6 个重型一次性太空发射系统（Space Launch System，SLS）火箭。根据目前的计划，2018 年将率先使用欧洲航天局的服务舱来执行自动飞行任务。这些年间，带猎户座太空舱的 SLS 火箭为新空间站运送元件和组件，这个新空间站被称为深太空门户（Deep Space Gateway，DSG），会在绕月轨道上组装。第二阶段预计将于 2025 年开始，届时将开发一个新的飞行器，它被称为深太空运输（Deep Space Transport，DST），可容纳 4 名航天员，飞行时间长达 1000 天，支持 3 次往返火星的航程。这种新 DST 飞行器计划于 2027 年发射到新的月球轨道 DSG 空间站，并载有航天员。之后，大约在 2028 年和 2029 年，航天员将在太空中长时间执行任务，最长可达 400 天，以此支持商业月球探索活动，并为未来的火星任务做好准备。

DST 飞行器（右）正在靠近未来的月球 DSG 空间站（左）

（图片来源：美国国家航空航天局）

第 3 阶段计划将从 2030 年开始，届时将允许从 DSG 空间站配置 DST 飞行器，并为着陆火星的长期任务提供补给。另外，按照计划，着陆火星的任务本身将设在第 4 阶段，预计在 2033 年执行。

这是一项雄心勃勃的计划，但目前缺乏两样东西：分阶段预算和实际日程规划。后者的排期似乎过于紧张，尤其是第 2、3 阶段。除此之外，美国国家航空航天局有这样一个将人类送上火星的计划，是一个好消息。

欧洲航天局和美国国家航空航天局合作建成了猎户座的服务舱。此外，欧洲航天局还推动了建立全球月球村的想法，但目前还没有明确的预算或计划来建设它。而对于火星探索，除了 2020 年的自动 ExoMars 任务和可能参与火星样本返回任务外，欧洲航天局还没有将人类送上火星的计划，除非可能与美国国家航空航天局合作。

中国计划在 2020 年用新测试的长征五号火箭将自动火星车送上火星表面。中国有一项长期计划：在 2040 年—2050 年，将人类航天员送上火星。

俄罗斯也宣布了一项长期计划，即在 2040 年后将载人飞船送上火星。

此外，针对火星的一些私人计划也已对外宣布了。

丹尼斯·蒂托（Denis Tito）是国际空间站的第一名私人航天员（世界首位太空游客），他在 2013 年宣布了自己的计划——"灵感火星"（Inspiration Mars）。他计划在 2018 年让一对美国夫妇执行飞越火星的任务，即飞往火星并直接返回，不尝试着陆。这次飞行计划持续约 500 天。然而，他未能筹集足够的资金。除了一些礼貌的初步讨论外，美国国家航空航天局似乎没有表现出任何兴趣。现在看来，该计划已经取消了。

另一项尝试将人类送上火星的私人计划是"火星一号"（MarsOne），尽管相关负责人员努力让项目显得很严肃，但其做法却不太专业。简而言之，2012 年，一群荷兰企业家（其中只有一名工程师）宣布了前往火星的单程计划。该提议称，在 2024 年先发射一支自动探测器编队，在整个火星表面搜寻用来部署第一批人类殖民地的最佳地点，随后，相关乘组人员会被发射到火星进行单程旅行。项目资金最初来自于向专门从事电视真人秀节目的电视公司出售版权获得的资金。该资金来源引起了人们对该项目的严肃性的怀疑。首先，这样一个项目会引起严重的道德问题。其次，从实际角度来看，它永远无法筹到足够的资金来支付自己的费用。此外，该项目通过招募航天员候选人来自筹资金。候选人只需发送一段自我介绍的简短视频，解释想去火星的理由，支付 50 美元或欧元外，除此以外没有其他要求。这个项目最有趣的地方可能在于，大约有 22 万人（其中大多数人没有特别的航天员或与太空有关的技能）准备前往未知的地方执行这个单程的自杀式任务。从社会学的角度来看，如果评估一下这些人中有多少人受够了地球上的生活，准备离开他们的家庭、配偶和孩子，踏上这样的单程任务（他们都没有注意到，该机构连任务是什么都没有说）还是很有趣的。实际上，这意味着火星一号公司收到了超过 1000 万美元或欧元的资金来准备…这到底能准备什么呢？没有人真正知道，因为从来没有任何严肃的计划来设计和安排这项任务：没有长期预算，没有发射器，没有运载工具，没有自动探测器，没有为殖民者提供的栖息地，没有计划，没有殖民地的硬件设计等等。火星一号公司与大型航天公司进行了会谈，都受到了礼貌接待，但缺少深入探讨。最近，该项目的发起人认识到，他们想在 2027 年之前实现人类登陆火星的 12 年计划，可以说是做梦。与此同时，所谓的"火星一号航天员"的选拔工作在写本书时仍在继续，候选人已减少到 100 人。能说什么呢？这 22 万名申请人都充满了希望和梦想，而这些企业家却滥用了这些梦想和希望。火星一号正是太空探索不需要的一种形式：往坏里说，这就是个骗局；往好里说，这算一家业余企业，但它的所作所为可能会让大众对太空探索和科学界的真正努力感到厌恶。想象一下，如果他们真能在某个瞬间筹到足额资金，能凭借有限的资源成为首批发射的乘组人员，一旦抵达后他们能依靠火星资源生活。这些未经训练的乘组人员要花多长时间来获取那些有限的资源——食物、水、空气等，而这一切都在摄像机前进行，让全世界的人都能看到。太空科学界和技术界没有人支持这种做法，这不足为奇。不该是这样，这不该是太空探索应采取的方式。

2002 年，企业家埃隆·马斯克（Elon Musk）发起了另一项私人计划，该计划更为严肃。马斯克创建了美国太空探索技术（SpaceX）公司。该公司的目标是以更低的成本开发太空运输技术，使人类最终能够殖民火星。SpaceX 公司开发了几种火箭，在世界发射市场上占据了重要的一席之位，同时与来自美国（波音、洛克希德公司等）和欧洲（阿丽亚娜航天公司）的航天巨头展开了竞争。SpaceX 公司成功获得了美国国家航空航天局的多个发射合同，用其龙飞船（Dragon capsule）为国际空间站提供补给。该公司还开发了将第一级火箭垂直降落在发射台附近回收的技术，不同于火箭发射后弃置在海洋中的技术。通过重复使用相同硬件，这种方法可望极大地降低发射成本。

2016 年 9 月，在墨西哥瓜达拉哈拉市举行的国际宇航大会（International Astronautical Congress，IAC）上，SpaceX 公司的首席执行官埃隆·马斯克发布了他的计划，该计划随后在 2017 年 9 月澳大利亚阿德莱德市举行的 IAC 上得到进一步确认。这项计划旨在开发一个星际运输系统（Interplanetary Transport System），其中包括一个新的运载火箭、一个新的航天器和一个新的任务架构。它将完全由私人赞助，这可能是人类在未来几年看到星际太空飞行的好机会，最终可能推动人类在火星上的可持续定居。

这个概念相对简单。这枚名为 SpaceX 行星际运输系统的火箭会从美国佛罗里达州发射，搭载一艘载人航天器。随着航天器与火箭分离，前者会停留在绕地球的停泊轨道上。火箭会返回地球，垂直降落在发射台上。在那里，第二个装有燃料的货运飞船会被安装在火箭上。当燃料货运飞船被发射出去之后，它会与第一艘载人航天器会合。当完成对接后，燃料被转移到载人航天器上，然后离开地球轨道，而空的货运飞船则返回地球。作为一个带翼飞行体，载人航天器会飞往火星，进入火星大气层，在火星稀薄的大气层中进行空气动力制动。最终，它会利用自身的制动火箭来进一步制动，从而垂直降落在火星表面。

美国 SpaceX 公司相关动画视频的系列屏幕截图，显示了载人
航天器发射、在轨道上加燃料、太阳电池板部署、火星大气层
上制动、火星着陆和航天员准备进行第一次舱外活动的内容
（图片来源：SpaceX）

就这样！就这么简单。是这样，但其实又不全然如此。这个概念非常简单，而且技术也已存在或几乎准备完毕。"猛禽"（Raptor）这款可预见的火箭发动机正在开发之中，在 120m 高的巨型火箭底部可能组装 40 ~ 50 台这种发动机。该火箭比阿波罗计划的土星五号（Saturn 5）火箭还要高。载人航天器和货运飞船都需要开发巨大的太阳电池板和各项机载子系统。随后，整个系统还需要整合、组装、测试并在实际条件下试运行。另外，还有一些其他工作要做。埃隆·马斯克宣布的 2018 年首次试飞日期其实并不可信，这个日期有可能推

迟到 2020 年[⊖]，而首次载人飞行可能在 2020 年代的前半期进行。除了尚待解决的技术障碍，另一个问题是预算。如何为所有这些发展项目提供资金呢？

我们可以发现，要在未来几年通过载人航天器飞往火星，其实仍然难以实现。尽管我们有了各种各样可以利用的东西——现有的技术、诀窍、知识，但缺少真正开展该工作的政治上的决心。要真正开启人类下一次太空探索之旅，取决于两个因素：第一，人类不可逆转地发现生命的存在或存在遗迹，而且这种生命与我们所知的地球上的生命完全不同。这将是一场新的哥白尼式的革命，它会引发人们研究这种新生命形式的热潮，并在火星上建立研究站。第二，人类在火星上发现了某种矿石或元素，要么是因为生产成本过高，要么是因为它在地球上非常稀缺，所以人类在地球上急需这种矿石或元素。具备任何一个因素或兼而有之都有助于推动将公共和私人资金投入到载人火星任务之中。

总而言之，火星虽然很"近"，但仍很"遥远"。之所以说火星很"近"，是因为我们掌握了许多关于火星的知识，我们也渴望漫步在这个新星球的山脊和峡谷之间。这颗总面积与地球各大洲总面积大体一致的行星就在那里，它在等着我们，等待着新发现，等待着人类新分支的潜在未来。那么说火星仍很"遥远"，是因为我们对自己还有很多不了解的地方，我们要如何应对失重状态下的长时间飞行呢？如何保护自己免受辐射呢？在这个新星球上，我们又将如何行事呢？我们会以道德和尊重的态度对待它，还是像我们在地球上那样可能滥用这个新环境呢？

北极和沙漠中的两大模块仍用于各种新的模拟任务，模拟任务的时间更长，并开展了更具科学性和探索性的实验。火星学会将招募志

⊖ 该计划中的星舟（Starship）SN8 号火箭，于 2020 年 12 月 8 日在美国得克萨斯州首次试飞，但起飞前 1 秒，猛禽发动机中止工作；次日，SN8 号火箭成功升空，约 6 分钟后坠落并发生爆炸。目前已公布的星舟系列火箭实际装备的猛禽发动机数量远少于最初设想的 40~50 台。——译者注

愿者参加这些模拟任务。如果你有兴趣，浏览一下他们的网站吧，你会发现各种信息和参与条件。

也许，正读到这儿的你，20年或30年后会是第一批踏上火星的人类呢！

最后，我想邀请你玩一个猜谜游戏。试想一下，未来某天你在阅读地球上的新闻，看到了下列新闻标题。你能在每个标题旁边标上日期（格式为＿＿＿＿年＿＿＿＿月＿＿＿＿日）吗？

今天，第一个人类火星任务成功起航。舱内有3男3女组成混合乘组人员，他们代表了6种不同的民族、语言和文化。经过6个月的星际航行，他们将到达我们的邻居火星（＿＿＿＿年＿＿＿＿月＿＿＿＿日）。

第一艘载人火星飞船在火星表面安全着陆。（＿＿＿＿年＿＿＿＿月＿＿＿＿日）

在人类历史上，2名航天员（1名中国航天员和1名美国航天员）一起首次踏上火星，并执行了首次火星舱外活动来部署科学设备。（＿＿＿＿年＿＿＿＿月＿＿＿＿日）

漫游探险现已经成为火星上的"例行公事"，6名人类探险家轮流探索我们的姐妹星球。（＿＿＿＿年＿＿＿＿月＿＿＿＿日）

火星乘组人员中的德国生物学家报告表示，在某个火星洞穴中，我们利用PCR方法得到了收集的样本里存在以往生命的证据。这会是一个征兆吗？（＿＿＿＿年＿＿＿＿月＿＿＿＿日）

我们并不孤单！世界航天局证实了一段时间以来一直被怀疑的事情。在火星表面下某个由熔岩形成的深洞中，我们发现了一种新型细菌的活菌落。（＿＿＿＿年＿＿＿＿月＿＿＿＿日）

甲烷之谜解开！在发现新菌落的洞穴中，我们测量了甲烷浓度。这一研究结果与火星轨道卫星对大气浓度的测量结果相吻合。甲烷的确是由火星上的生命形式产生的。（＿＿＿＿年＿＿＿＿月＿＿＿＿日）

第二批火星航天员部署的发电机达到了生产所需的水平，其产生的电力足以维持未来火星上第一个人类殖民地所需的水平。（＿＿＿＿年＿＿＿＿月＿＿＿＿日）

今天，第一个在地球以外的星球上孕育的人类婴儿出生了：这是一位名叫伊娃的女孩。这个婴儿的母亲是一位日本天体物理学家，母女平安。她的父亲是一位俄罗斯地质学家，他感到非常自豪。（_____年_____月_____日）

火星的地球化改造进展顺利：火星大气压力迅速增加，第一批液态水池正在自然形成。（_____年_____月_____日）

火星的地球化改造即将完成！火星的大气层几乎可供人类呼吸了，氧气浓度在稳步上升。这一切是由于植被已适应了火星的自然环境，能依靠火星丰富的风化层和自由流动水汲取养分。（_____年_____月_____日）

今天，地球官员和各个火星殖民地的代表会举行会议，共同讨论商业合作方式和相关的政治问题。（_____年_____月_____日）

在你（我）的有生之年，能看到这一切吗？这一切真的那么难以实现吗？

火星征程！

弗拉基米尔·普莱泽
2017 年 1 月
中国科学院
空间应用工程与技术中心
Vladimir. Pletser@ csu. ac. cn

参考资料

第1部分 北极

第1次火星模拟任务相关网站

● 基本资料

http://arctic.marssociety.org/

● 美国国家航空航天局、搜索地外文明组织在德文岛的霍顿火星项目（下面网站已无法登录，目前可通过网址 https://www.nasa.gov/analogs/hmp 了解相关内容。——译者注）

http://www.arctic-mars.org

● 乘组成员介绍（网址已失效。——译者注）

http://www.arctic-mars.org/team/2000/index.html

● 欧洲航天局网站上的本书作者日记摘录：

http://www.esa.int/Our _ Activities/Human _ Spacefllight/Exploration/Postcard_from_Mars（或登录网站 www.esa.int 并搜索 "*Postcards from Mars*"）

第一次的火星模拟任务相关国际出版物

● 栖息地的部署

"North to Mars", R. Zubrin, *Scientifific American*, June 2001, 50-53.

"Martionautes dans le Grand Nord", J. Lopez, *Science et Vie Junior*, Dossier Hors-Série No 40, April 2000, 34-43.（法语。——译者注）

● 此次模拟任务的志愿者招募：

"Mars Society seeks volunteers to perform research in Arctic",

B. Berger, *Space News*, 11 December 2000, p. 8.

- 比利时媒体对这个第一次的北极模拟任务的书面报道：

"2001 Mars Odyssey：l'aventure recommence——Un Belge 'sur Mars'", C. Du Brulle, *Le Soir*, 9 April 2001, p. 7.（法语。——译者注）

"Mission martienne pour un Belge", J. Miralles, *La Dernière Heure*, 29 June 2001.（法语。——译者注）

"Vladimir Pletser：Brusselaar bereidt Marsmissie voor tussen ijsberen", *Nieuwsblad*, 29 June 2001, p. 21.（佛兰芒语。——译者注）

"Un Belge sur Mars pendant dix jours", C. Du Brulle, *Le Soir*, 12 July 2001, p. 14.（法语。——译者注）

"Belgische onderzoeker in simulatie van Mars", *Het Laatste Nieuws*, 13 July 2001, p. 9.（佛兰芒语。——译者注）

"Sale temps pour l'équipage martien posé dans le Grand Nord canadien", C. Du Brulle, *Le Soir*, 19 July 2001, p. 12.（法语。——译者注）

"Mission martienne pour Vladimir Pletser", T. Pirard, *Athéna*, No 174, October 2001, 100-101.（法语。——译者注）

- 其他国际媒体对第一次的北极模拟任务的书面报道：

"Let's play astronauts——Why would a group of people spend weeks in an Arctic crater, cooped up in a tin can on stilts?", S. Armstrong, *New Scientist*, 21 July 2001, p. 11

"Uma experiência no Arico", T. Russomano, *Diario Popular*, Porto Alegre, Brazil, 9 September 2001, p. 10.（葡萄牙语。——译者注）

"Mars boot camp", F. Vizard, *Popular Science*, October 2001, 52-58.

"Simulation of a manned Martian mission in the Arctic Circle", V. Pletser, *ESA Bulletin* No 108, November 2001, 121-123.

- 祖布林博士发表的日记：

"Dispatches from the Flashline Mars Arctic research Station：Learning how to explore Mars in the Canadian Arctic", R. Zubrin, paper IAA-01-IAA. 13. 3. 09, 52nd *International Astronautical Congress*, 1-5 October 2001, Toulouse.

- 第三次轮调乘组中法国乘组成员查尔斯·弗兰克尔发表的日记:

"Chroniques d'un Martien", C. Frankel, a series of seven papers published in *Libération*, Paris, from 20 to 27 July 2001, p. 16. (法语。——译者注)

"J'ai vécu dix jours sur Mars", C. Frankel, *Ciel et Espace*, October 2001, 34-38. (法语。——译者注)

<u>发表的一些有关地震实验成果的科技文献</u>

"Subsurface water detection on Mars by astronauts using a seismic refraction method: tests during a manned Mars mission simulation", V. Pletser, P. Lognonné, M. Diament, V. Dehant *Acta Astronautica* 64 (IF 0. 609), 457-466, 2008.

http://www. sciencedirect. com/science/article/pii/S00945765080 02609

"Simulation of a manned Martian mission in the Arctic Circle", V. Pletser, *ESA Bulletin* 108, 121-123, 2001.

http://www. esa. int/esapub/bulletin/bullet108/chapter15_bul108. pdf

"Subsurface water detection on Mars by active seismology: simulation at the Mars Society Arctic Research Station", V. Pletser, P. Lognonné, M. Diament, V. Ballu, V. Dehant, P. Lee, R. Zubrin, *Proceedings Conference on Geophysical Detection of Subsurface Water on Mars*, Abstract 7018, Lunar and PlanetaryInstitute, Houston, 6-10 August 2001.

"Feasibility of an active seismology method to detect subsurface water on Marsby a human crew: Summer 2001 Flashline M. A. R. S. campaign first results andlessons learned", V. Pletser, P. Lognonné,

M. Diament, V. Dehant, K. Quinn, R. Zubrin, P. Lee, *Proceedings Fourth International Mars Society Convention*, University of Stanford, USA, 23-26 August 2001.

"How astronauts would conduct a seismic experiment on the planet Mars", V. Pletser, P. Lognonné, V. Dehant, *Proceedings of the Symposium on theInfluence of Geophysics*, *Time and Space Reference Frames on Earth Rotation Studies*, Paris Observatory-Belgian Royal Observatory, Brussels, 24-26 September 2001, 147-156.

"Simulation of Martian EVA at the Mars Society Arctic Research Station", V. Pletser, R. Zubrin, K. Quinn, *53rd International Astronautical Congress—The World Space Congress*, Houston, paper IAC-02-IAA. 10. 1. 07, October 2002.

关于加拿大及其努纳武特地区的参考文献:

"The rough guide to Canada", T. Jepson, P. Lee, T. Smith, *Rough Guides*, Penguin, London, June 2001.

"The Nunavut handbook", M. Soublière, *Nortext Multimedia Inc*, Iqaluit, 1998.

第 2 部分 沙漠

介绍第二次火星模拟任务的相关网站:

• 乘组相关报告:

https://web. archive. org/web/20060927073551/http://www.marssociety. org/mdrs/fs01/crew05/

• 本书作者日记摘录——欧洲航天局网站的英文版

http://www. esa. int/export/esaHS/ESALDSF18ZC_future_0. html

(或登录网站: www. esa. int 并搜索 "*Postcards from Mars 2*")

• 本书作者日记摘录——比利时法语日报《最后一小时报》(La Dernière Heure) 的法语版

http://www. dhnet. be/actu/societe/objectif-mars-51b7d439e4b0de6 db9909bff

国际媒体对第二次的火星模拟任务的报道：

"Le journal d'un Martien", excerpts of the author's diary in a series
of papers published in the '*La Dernière Heure*' newspaper between
8 and 18 April 2002.（法语。——译者注）

"Peterchens Marsfahrt", *Die Zeit*, Nr 17, 18 April 2002, p. 31.

"Life on Mars", C. Laurence, *The Sunday Telegraph*, Review,
London, 5 May 2002, p. 1-2.（德语。——译者注）

"Life on Mars", C. Laurence, *Irish Independent*, Weekend, Dublin,
18 May 2002, 12-14.

"Mission to … Utah? —Would be voyagers to Mars look for lessons a-
bout how people would fare on a real mission to the fourth planet",
D. Real, *The Dallas Morning News*, Section C, 6 July 2002, p.
1C-2C.

"Nos vemos en Marte-Una colonia de cientificos se entrena en el desi-
erto de Nevada para vivir en Marte", C. Laurence, *El Pais Sema-
nal*, No 1349, 4 August 2002, p. 1 + pp.30-37.（西班牙
语。——译者注）

发表的一些有关植物生长实验成果的科技文献

"Would the fifirst astronauts on Mars grow vegetables for their con-
sumption or for their psychological well-being?", V. Pletser,
C. Lasseur, *Proceedings of the Second European Mars Convention
EMC2*, Rotterdam, 27-29 September 2002.

"A closed Mars Analog simulation：the approach of Crew 5 at the Mars
Desert Research Station, April 8-20, 2002", W. J. Clancey, *Pro-
ceedings of the Fifth International Mars Society Convention*, Univer-
sity of Colorado, Boulder, USA, 8-11 August 2002.

"First observation regarding the psychological impact of growing vege-
tables during a manned Mars mission simulation at the Mars Desert

Research Station", V. Pletser, C. Lasseur, *54th Congress International Astronautical Federation*, Bremen, paper IAC-03-IAA. 10. 3. 04, October 2003.

第 3 部分　再入沙漠
发表的一些有关实验的科技文献

"Logbook for day 283 on Mars; Crew 1, Crew Biologist Cora S. Thiel Reporting", Thiel C. S., Pletser V., in *One Way Mission to Mars*, Davies P. and SchulzeMakuch D. eds, Vol. 13, 4121-4130, January 2011. http://journalofcosmology. com/Mars151. html

"A Mars Human Habitat: European approaches and recommendations on crew time utilisation and habitat interfaces", Pletser V., in *The Human Mission to Mars. Colonizing the Red Planet*, Levin J. S. and Schild R. E. eds, ISBN: 9780982955239, ISBN-10: 0982955235, 757-784, Oct. -Nov. 2010.

http://journalofcosmology. com/Mars123. html

"PCR-based analysis of microbial communities during the EuroGeoMars campaign at Mars Desert Research Station, Utah", Thiel C., Ehrengreund P., Foing B., Pletser V., Ullrich O., *Int. Journal of Astrobiology*, 10, 177-190, 2011.

doi: 10. 1017/S1473550411000073; http://journals. cambridge. org/repo_A82FegRf

http://journals. cambridge. org/action/displayAbstract _ S147355041 1000073

https://www. cambridge. org/core/journals/international-journal-of-astrobiology/article/pcr-based-analysis-of-microbial-communities-during-the-eurogeomars-campaign-at-mars-desert-research-station-utah/ E50A122EA6EC5DEB3EA7A482B6BE635A

"Human crew related aspects for astrobiology research", Thiel C. S., Pletser V., Foing B. and the EuroGeoMars Team, *Int. Journal of*

Astrobiology, 10, 255-267, 2011.
doi: 10. 1017/S1473550411000152;
http://journals. cambridge. org/repo_A82BxBSF;
http://journals. cambridge. org/abstract_S1473550411000152
https://www. cambridge. org/core/journals/international-journal-
of-astrobiology/article/human-crew-related-aspects-for-astrobiology-
research/D1887837E0551FC56A0E7133CAC0E53C

"Field astrobiology research in Moon-Mars analogue environment: in-
struments and methods", Foing B. H., Stoker C., Zavaleta J.,
Ehrengreund P., Thiel C., Sarrazin P., Blake D., Page J.,
Pletser V., Hendrikse J., Direto S., Kotler M., Martins Z.,
Orzechowska G., Grozz C., Wendt L., Clarke J., Borst A.,
Peters S., Wilhelm M. B., Davies G, and ILEWG EuroGeoMars
2009 support team, *Int. Journal of Astrobiology*, 10, 141-160,
2011. doi: 10. 1017/S1473550411000036
http://journals. cambridge. org/repo_A82y5h00http://journals.
cambridge. org/action/displayAbstract? fromPage = online&aid =
8286802&fulltextType = RA&fifileId = S1473550411000036
http://journals. cambridge. org/action/displayAbstract? fromPage =
online&aid = 8286802
https://www. cambridge. org/core/journals/international-journal-
of-astrobiology/article/fifield-astrobiology-research-in-moonmars-
analogue-environments-instruments-and-methods/89160676373253E
16D32C1412C128794

"European contribution to human aspect fifield investigation for future
planetary habitat defifinition studies: fifield tests at MDRS on crew
time utilization and habitat interfaces", Pletser V., Foing B., *Mi-
crogravity Science and Technology*, 23-2, 199-214, 2011.https://
doi. org/10. 1007/s12217-010-9251-4

http://www. springerlink. com/content/a82048335012jh78/

"A Mars Human Habitat: European approaches and recommendations on crew time utilisation and habitat interfaces", Pletser V., *Journal of Cosmology*, Special Issue on 'The Human Mission to Mars: Colonizing the Red Planet', Vol. 12, Oct. -Nov., 2010, 3928-3945. http://journalofcosmology. com/Mars123. html

"Preliminary lessons learnt after the rotation of the fifirst EuroGeoMars team—Crew 76", Pletser V., Technical Report HSF-UP/2009/ 113/VP, ESTEC, Noordwijk, 2009.

"Field reports of science and technology activities of the fifirst Euro-GeoMars team— Crew 76 at the Mars Desert Research Station, 1- 14 February 2009", Pletser V., Monaghan E., Peters S., Borst A., Wills D., Hendrikse J., *Report MDRS-76/FR-01*, Mars Desert Research Station, The Mars Society, 2009.

"Lunar outpost pre-design: Human aspects", Boche-Sauvan L., *Master Project* BO-F09003, Arts et Métiers ParisTech—GeorgiaT-ech, 2009.

"Human interfaces study: Framework and first results", Boche-Sauvan L., Pletser V., Foing B. H., EuroGeoMars Crew, *European Geosciences Union*, General Assembly 2009—Vienna, 2009.

"Human aspects study through industrial methods during an MDRS mission", Boche-Sauvan L., Pletser V., Foing B. H., EuroGeo-Mars Crew, *NASA Lunar Science Institute*—Ames Research Center, 2009.

"Human aspects and habitat studies from EuroGeoMars campaign", Boche-Sauvan L., Pletser V., Foing B. H., ExoGeoMars team, *EGU2009-13323*, Geophysical Research Abstracts, Vol. 11, 2009.

"Geochemistry of Utah Morrison formation from EuroGeoMars campaign", Borst A., Peters S., Foing B. H., Stoker C., Wendt L.,

Gross C., Zhavaleta J., Sarrazin P., Blake D., Ehrenfreund P., Boche-Sauvan L., Page J., McKay C., Batenburg P., Drijkoningen G., Slob E., Poulakis P., Visentin G., Noroozi A., Gill E., Guglielmi M., Freire M., Walker R., Sabbatini M., Pletser V., Monaghan E., Ernst R., Oosthoek J., Mahapatra P., Wills D., Thiel C., Lebreton J. P., Zegers T., Chicarro A., Koschny D., Vago J., Svedhem H., Davies G., Westenberg A., Edwards J., ExoGeoLab team & EuroGeoMars team, *Int. Conf. Comparative Planetology: Venus—Earth—Mars*, ESTEC, Noordwijk, 2009.

"Terrestrial fifield research on organics and biomolecules at Mars Analog sites", Ehrenfreund P., Quinn R., Martins Z., Sephton M., Peeters Z., van Sluis K., Foing B. H., Orzechowska G., Becker L., Brucato J., Grunthaner F., Gross C., Thiel C., Wendt L.: *Int. Conf. Comparative Planetology: Venus—Earth—Mars*, ESTEC, Noordwijk, 2009.

"Geology and geochemistry highlights from EuroGeomars MDRS campaign", Foing B. H., Peters S., Borst A., Wendt L., Gross C., Stoker C., Zhavaleta J., Sarrazin P., Blake D., Ehrenfreund P., Boche-Sauvan L., Page J., McKay C., Batenburg P., Drijkoningen G., Slob E., Poulakis P., Visentin G., Noroozi A., Gill E., Guglielmi M., Freire M., Walker R., Pletser V., Monaghan E., Ernst R., Oosthoek J., Mahapatra P., Wills D., Thiel C., Lebreton J. P., Zegers T., Chicarro A., Koschny D., Vago J., Svedhem H., Davies G., Westenberg A., Edwards J., ExoGeoLab team & EuroGeoMars team, *Int. Conf. Comparative Planetology: Venus—Earth—Mars*, ESTEC, Noordwijk, 2009.

"ExoGeoLab lander and rover instruments", Foing B. H., Page J., Poulakis P., Visentin G., Noroozi A., Gill E., Batenburg P., Drijkoningen G., Slob E., Guglielmi M., Freire M., Walker R.,

Sabbatini M., Pletser V., Monaghan E., Boche-Sauvan L., Ernst R., Oosthoek J., Peters S., Borst A., Mahapatra P., Wills D., Thiel C., Wendt L., Gross C., Lebreton J. P., Zegers T., Stoker C., Zhavaleta J., Sarrazin P., Blake C., McKay C., Ehrenfreund P., Chicarro A., Koschny D., Vago J., Svedhem H., Davies G., ExoGeoLab team & EuroGeoMars team, *Int. Conf. Comparative Planetology: Venus—Earth— Mars*, ESTEC, Noordwijk, 2009.

"Highlights from Remote Controlled Rover for EuroGeoMars MDRS Campaign", Hendrikse J., Foing B. H., Stoker C., Zavaleta J., Selch F., Ehrenfreund P., Wendt L., Gross C., Thiel C., Peters S., Borst A., Sarrazin P., Blake D., Boche-Sauvan L., Page J., Pletser V., Monaghan E., Mahapatra P., Wills D., McKay C., Davies G., van Westrenen W., Batenburg P., Drijkoningen G., Slob E., Poulakis P., Visentin G., Noroozi A., Gill E., Guglielmi M., Freire M., Walker R., ExoGeoLab team & Euro-GeoMars team, *European Planetary Science Congress*, EPSC Abstracts, Vol. 4, 2009.

"A Prototype Instrumentation System for Rover-Based Planetary Geology", Mahapatra P., Foing B., Nijman F., Page J., Noroozi A., ExoGeoLab team, *European Planetary Science Congress*, EPSC Abstracts, Vol. 4, 2009.

"Alluvial fan EuroGeoMars observations and GPR measurements", Peters S., Borst A., Foing B. H., Stoker C., Kim S., Wendt L., Gross C., Zhavaleta J., Sarrazin P., Blake D., Ehrenfreund P., Boche-Sauvan L., Page J., McKay C., Batenburg P., Drijkoningen G., Slob E., Poulakis P., Visentin G., Noroozi A., Gill E., Guglielmi M., Freire M., Walker R., Sabbatini M., Pletser V., Monaghan E., Ernst R., Oosthoek J., Mahapatra P.,

Wills D., Thiel C., Petrova D., Lebreton J. P., Zegers T., Chicarro A., Koschny D., Vago J., Svedhem H., Davies G., Westenberg A., Edwards J., ExoGeoLab team and EuroGeoMars team, *Int. Conf. Comparative Planetology*: *Venus—Earth—Mars*, ESTEC, Noordwijk, 2009.

"Basic Mars Navigation System For Local Areas", Petitfifils E-A., Boche-Sauvan L., Foing B. H., Monaghan E., EuroGeoMars Crews: *EGU2009-13242-2*, Geophysical Research Abstracts, Vol. 11, EGU General Assembly, 2009.

发表的其他相关科技文献:

"Participant Observation of a Mars Surface Habitat Mission Simulation", Clancey W. J., *Habitation*, 11 (1/2) 27-47, 2006.

"HUMEX, a study on the survivability and adaptation of humans to long-duration exploratory missions, part II: Missions to Mars", Horneck G., Facius R., Reichert M., Rettberg P., Seboldt W., Manzey D., Comet B., Maillet A., Preiss H., Schauer L., Dussap C. G., Poughon L., Belyavin A., Reitz G., Baumstark-Khan C., Gerzer R., *Adv. Space Res.* 38-4, 752-759, 2006.

"Exploration of Mars: the reference mission of the NASA Mars exploration study team", Hoffman S., Kaplan D., *NASA SP 6107*, Houston, 1997.

第4部分 火星的未来

有关火星任务的网站

- 欧洲航天局（ESA）的相关网站：

http://www.esa.int/Our_Activities/Space_Science/Mars_Express/Mars_Express_mission_facts

- 美国国家航空航天局（NASA）的相关网站：

http://mars.jpl.nasa.gov/msl/

火星大气中的甲烷

http://exploration. esa. int/mars/46038-methane-on-mars/

https://www. nasa. gov/mission_pages/mars/news/marsmethane. html

火星坑

http://www. lpi. usra. edu/meetings/lpsc2007/pdf/1371. pdf

火星"脸"

• 提出这一看法的书籍：

"Planetary Mysteries: Megaliths, Glaciers, the Face on Mars and Aboriginal Dreamtime", Grossinger R., ed., Berkeley, North Atlantic Books, p. 11, 1986. ISBN 0-938190-90-3.

"The Monuments of Mars: A City on the Edge of Forever", Hoagland R., North Atlantic Books, USA, 2002. ISBN 978-1-58394-054-9

• 卡尔·萨根（Carl Sagan）批评这一看法的书籍：

"The Demon-Haunted World: Science As a Candle in the Dark", Sagan C., Random House, New York, 1995. ISBN 978-0-394-53512-8.

中国2020年火星计划

http://www. chinadaily. com. cn/china/2016twosession/2016-03/05/content_23747640. htm

http://www. scmp. com/news/china/society/article/1902837/chinas-fifirst-mission-marswill-be-hugely-ambitious-and-be-chance

http://www. bbc. com/news/av/world-asia-36085659/when-will-china-get-to-mars

http://www. dailymail. co. uk/sciencetech/article-3549536/China-wants-land-Mars-2021-offifical-country-s-space-agency-reveals-plans-mission-red-planet. html

https://www. youtube. com/watch? v=XiJE5x9Lc80

如何到达火星？

"Mathematics In Space: Free-Falling, The Way Home And Far Away... （Part 2）", Pletser V., invited plenary lecture, *Proc. 16th Bi-*

ennial Congr. Flemish Mathematics Teachers Association VVWL 2012, Blankenberge, Belgium, July 2012; Wiskunde and Onderwijs, VVWL Tijdschrift, ISSN 2032-0485, Nr 155, 230-246, 2013.

https://www.researchgate.net/publication/312086560_Mathematics_In_Space_FreeFalling_The_Way_Home_And_Far_AwayPart_2

http://foter.com/photo/bi-elliptic-transfer/

http://math-ed.com/Resources/GIS/Geometry _ In _ Space/Orbital-Transfer.htm

http://www.phy6.org/stargaze/Smars1.htm

http://www.phy6.org/stargaze/Smars3.htm

G. Nordley, Going to Mars?, 2006, http://www.gdnordley.com/_fifiles/Going_to_Mars.html

"VASIMR Performance Measurements at Powers Exceeding 50kW and Lunar Robotic Mission Applications", J. P. Squire, F. R. Chang-diaz, T. W. Glover, M. D. Carter, L. D. Cassady, W. J. Chancery, V. T. Jacobson, G. E. Mccaskill, C. S. Olsen, E. A. Bering, M. S. Brukardt, B. W. Longmier, International Interdisciplinary Symposium on Gaseous and Liquid Plasmas, 2008.

http://www.adastrarocket.com/ISGLP_JPSquire2008.pdf

http://www.adastrarocket.com/aarc/

微重力下的生理问题

"Spaceflight Might Weaken Astronauts' Immune Systems", R. Preidt, *HealthDay*, 30 Aug. 2014 https://consumer.healthday.com/kids-health-information-23/immunization-news-405/spaceflight-might-weaken-astronauts-immune-systems- 690922.html

"The human immune system in space.", American Society for Biochemistry and Molecular Biology (ASBMB), *ScienceDaily*, 22 April 2013. www.sciencedaily.com/releases/2013/04/130422132504.htm

火星征程要面对的辐射问题

"Curiosity Data Shows Mars Surface Cosmic Ray Radiation Dose Rates Acceptable for Human Explorers", The Mars Society, *Mars Society Announcement*, 10 August, 2012.

"Space radiation protection: Destination Mars", M. Durante, *Life Sciences in Space Research* 1, 2-9, 2014. http://dx. doi. org/ 10. 1016/j. lssr. 2014. 01. 002

"Biological effects of space radiation and development of effective countermeasures", A. R. Kennedy, *Life Sciences in Space Research* 1, 10-43, 2014. http://dx. doi. org/10. 1016/j. lssr. 2014. 02. 004

"Physical basis of radiation protection in space travel", M. Durante, F. A. Cucinotta, *Rev. Mod. Phys.* 83, 1245-1281, 2011.

火星 500 计划

About the Project "MARS—500", Institute of BioMedical Problems (IBMP), http://www. imbp. ru/Mars500/Mars500-e. html

Mars500 Blog, http://imbp-mars500. livejournal. com/

ESA's participation in Mars500, ESA website, http://www. esa. int/ Our_Activities/Human_Spaceflight/Mars500

"International Symposium on the Results of the Experiments Simulating Manned Mission to Mars (MARS-500)", Abstract Book, IBMP, Moscow, 23-25 April 2012. http://mars500. imbp. ru/fifiles/Mars500% 20symposium%20-%20Abstracts %20book%20 (rus+eng). pdf

美国国家航空航天局计划于 2033 年实现载人火星登陆

https://www. congress. gov/bill/115th-congress/senate-bill/442/text #toc-idaef262aa-11c3-4bfe-9de5-ddf90775b6fd

https://www. nasa. gov/feature/deep-space-gateway-to-open-opportunities-for-distantdestinations

https://www. nasa. gov/sites/default/fifiles/atoms/fifiles/nss _ chart_v23. pdf

https://futurism.com/its-offificial-humans-are-going-to-mars-nasa-has-unveiled-their-mission/

https://futurism.com/us-government-issues-nasa-demand-get-humans-to-mars-by- 2033/

火星一号

http://www.mars-one.com/

美国太空探索技术（SpaceX）公司

"Making Humans a Multiplanetary Species", E. Musk, http:// www.spacex.com/mars

"SpaceX's Mars Colony Plan: By the Numbers", M. Wall, 29 Sep. 2016. http://www.space.com/34234-spacex-mars-colony-plan-by-the-numbers.html

"SpaceX unveils the Interplanetary Transport System, a spaceship and rocket to colonize Mars", S. O'Kane, 27 Sep. 2016. http:// www.theverge.com/2016/9/27/13078230/spacex-mars-interplan-etary-rocket-spaceship-video

相关网站和书籍

网站

<u>火星学会：</u>

火星学会国际总会：

http://www.marssociety.org

火星学会加拿大分会：

http://canada.marssociety.org/

火星学会墨西哥分会：

http://www.spaceprojects.com/Marte/

火星学会秘鲁分会：

http://peru.marssociety.org/

火星学会欧洲部：

http://www.marssociety-europa.eu/

火星学会比利时分会：

http://www.marssocietybelgium.be/

火星学会英国分会：

https://marssoc.uk/

火星学会荷兰分会：

http://www.marssociety.nl

火星学会法国分会（Association Planète Mars）：

http://planete-mars.com/

火星学会瑞士分会：

http://www.planete-mars-suisse.com/

火星学会德国分会：

http://www. marssociety. de/html/index. php

火星学会西班牙分会：

http://www. marssociety. org. es/

火星学会意大利分会：

https://www. facebook. com/pages/Italian-Mars-Society/106687849399082

火星学会希腊分会（ARES Mars Society Hellas）：

http://hellas. marssociety. org/

火星学会波兰分会（Mars Society Polska）：

http://www. marssociety. pl/

火星学会保加利亚分会：

https://www. facebook. com/groups/399707303378084/

火星学会中国分会：

https://www. facebook. com/TheMarsSocietyInChina

火星学会俄罗斯分会：

https://www. facebook. com/groups/marsocietyrussia/

火星学会印度分会：

https://www. facebook. com/mars. society. india

火星学会日本分会：

http://blog. goo. ne. jp/japanmarssociety

火星学会澳大利亚分会：

http://www. marssociety. org. au/

火星学会南非分会：

http://home. mweb. co. za/ss/ss000005/

火星学会埃及分会：

https://www. facebook. com/The-Mars-Society-Egyptian-Chapter-145
0635915167358/

其他与火星和火星任务相关的网站

比利时皇家天文台：

http://plancts. oma. be/MARS/home_mars_en. php

巴黎地球物理学院（Institut de Physique du Globe de Paris，IPGP）：

http://ganymede. ipgp. jussieu. fr/GB/

火星探索全面了解尼尔格（Nirgal）计划

http://www. nirgal. net

欧洲航天局（ESA）：

http://www. esa. int/

欧洲航天局火星快车和 ExoMars 任务：

http://sci. esa. int/marsexpress

http://exploration. esa. int/mars/46048-programme-overview/

美国航空航天局喷气推进实验室（Jet Propulsion Laboratory，JPL）：

https://mars. jpl. nasa. gov/msl/

http://www. jpl. nasa. gov/mgs

https://mars. nasa. gov/

法国空间研究中心（Centre National d'Etudes Spatiales，CNES）法国航天政府机构：

http://www. cnes. fr

https://cnes. fr/fr/media/exomars-un-radar-made-france-sur-mars-en-2020

中国科学院（Chinese Academy of Sciences，CAS）：

http://english. cas. cn/

中国科学院国家空间科学中心（National Space Science Center，NSSC）：

http://english. nssc. cas. cn/

中国科学院地质与地球物理研究所（Institute of Geodesy and Geophysics，IGG）：

http://english. whigg. cas. cn/

中国科学院空间应用工程与技术中心（Technology and Engineering Center for Space Utilization，CSU）：

http://english. whigg. cas. cn/

中国载人航天（China Manned Space，CMS）：

http://en. cmse. gov. cn/

书籍

"On to Mars：Colonizing a New World"，R. Zubrin and F. Crossman eds.，Apogee Books Space Series，2002. ISBN-13：978-1896522906.

"On to Mars 2：Exploring and Settling a New World"，F. Crossman and R. Zubrin eds.，Apogee Books Space Series，2005. ISBN-13：978-1894959308.

"Mars"，G. Sparrow，Quercus，Revised ed. Edition，2015. ISBN-13：978-1623658564.

"Welcome to Mars：Making a Home on the Red Planet"，Aldrin B.，Dyson M.，National Geographic Children's Books，2015. ISBN-13：978-1426322068.

"Mars Up Close：Inside the Curiosity Mission"，Kaufman M.，National Geographic，2014. ISBN-13：978-1426212789.

"The case for Mars—The plan to settle the red planet and why we must"，R. Zubrin，Touchstone，New York，1997.

"First landing"，R. Zubrin，Penguin Putnam，New York，2001.

The trilogy "Red Mars"（1993），"Green Mars"（1994），"Blue Mars"（1996），Kim Stanley Robinson，Bantam，New York.

"Mission to Mars，An Astronaut's Vision of Our Future in Space"，Michael Collins，Grove Weidenfeld，New York，1990.

First published in English under the title
On To Mars！：Chronicles of Martian Simulations
by Vladimir Pletser
Copyright © Springer Nature Singapore Pte Ltd. , 2018
This edition has been translated and published under licence from Springer Nature
Singapore Pte Ltd.
Simplified Chinese Translation Copyright © 2023 by China Machine Press. This
edition is authorized for sale in the Chinese mainland（excluding Hong Kong
SAR，Macao SAR and Taiwan）.
All rights reserved.

本书中文简体字版由机械工业出版社在中国大陆地区（不包括香港、澳门特别行政区及台湾地区）独家出版发行。未经出版者书面许可，不得以任何方式抄袭、复制或节录本书中的任何部分。

北京市版权局著作权合同登记　图字：01-2018-6285 号

图书在版编目（CIP）数据

火星征程！/（比）弗拉基米尔·普莱泽（Vladimir Pletser）著；魏广东，董妙，杨扬译. —北京：机械工业出版社，2023.1（2024.1 重印）
书名原文：On To Mars! Chronicles of Martian Simulations
ISBN 978-7-111-72179-6

Ⅰ.①火…　Ⅱ.①弗…②魏…③董…④杨…　Ⅲ.①火星探测–普及读物
Ⅳ.①P185.3-49

中国版本图书馆 CIP 数据核字（2022）第 233189 号

机械工业出版社（北京市百万庄大街 22 号　邮政编码 100037）
策划编辑：王　欢　　　　　责任编辑：王　欢
责任校对：贾海霞　张　薇　封面设计：王　旭
责任印制：李　昂
北京捷迅佳彩印刷有限公司印刷
2024 年 1 月第 1 版第 2 次印刷
148mm×210mm·9.125 印张·251 千字
标准书号：ISBN 978-7-111-72179-6
定价：58.00 元

电话服务　　　　　　　　　网络服务
客服电话：010-88361066　　机　工　官　网：www.cmpbook.com
　　　　　010-88379833　　机　工　官　博：weibo.com/cmp1952
　　　　　010-68326294　　金　书　网：www.golden-book.com
封底无防伪标均为盗版　机工教育服务网：www.cmpedu.com